高等职业教育专科、本科计算机类专业新形态一体化教材

HTML5+CSS3+JavaScript
网页开发实战

主　编◎袁晓建　　王琳燕　　郑若鹬　　陆晓梅

副主编◎叶福兰　　吴森宏　　卢沛刁　　徐博龙　　侯阳青　　孙小丹

参　编◎颜少辉　　林明静　　郑建文　　甘智平　　陈焕辉　　陈聪华
　　　　　范文丰　　兰文新　　吴　霞

电子工业出版社

Publishing House of Electronics Industry

北京•BEIJING

内 容 简 介

　　本书以工业和信息化部教育与考试中心发布的《Web 前端开发职业技能等级标准》（初级）为编写依据，帮助读者快速掌握 HTML5+CSS3+JavaScript 网页开发技能。内容包括 HTML 基础、HTML5 新标签和属性、CSS3 样式、JavaScript 基础、移动端布局等，同时配备丰富的项目案例、课程文档、微课视频、案例实操视频和 1+X 初级考题精解、模拟题库等资源。

　　本书采用项目导向、任务驱动的方式进行内容编排，语言通俗易懂，项目案例深入浅出，配套教学资源丰富。

　　本书项目均源自企业真实项目，编写团队包括深耕本科教育数十年的教授及拥有丰富教学经验的高职院校一线教师，旨在为读者提供一个通俗易懂的技术学习平台。

　　本书可作为高职高专、应用型本科院校和软件开发培训学校的 Web 前端开发技术初级课程的教材和实训指导书，亦可作为期望从事 Web 前端开发职业的应届毕业生和社会在职人员的自学参考书。

图书在版编目（CIP）数据

HTML5+CSS3+JavaScript 网页开发实战 / 袁晓建等主编. —北京：电子工业出版社，2024.1
ISBN 978-7-121-47252-7

Ⅰ.①H… Ⅱ.①袁… Ⅲ.①超文本标记语言－程序设计②网页制作工具③JAVA 语言－程序设计
Ⅳ.①TP312.8②TP393.092.2

中国国家版本馆 CIP 数据核字（2024）第 034114 号

责任编辑：李　静
印　　刷：三河市兴达印务有限公司
装　　订：三河市兴达印务有限公司
出版发行：电子工业出版社
　　　　　北京市海淀区万寿路 173 信箱　　　邮编：100036
开　　本：787×1092　1/16　　印张：16.5　　字数：372 千字
版　　次：2024 年 1 月第 1 版
印　　次：2024 年 1 月第 1 次印刷
定　　价：54.80 元

凡所购买电子工业出版社图书有缺损问题，请向购买书店调换。若书店售缺，请与本社发行部联系，联系及邮购电话：（010）88254888，88258888。
质量投诉请发邮件至 zlts@phei.com.cn，盗版侵权举报请发邮件至 dbqq@phei.com.cn。
本书咨询联系方式：（010）88254604，lijing@phei.com.cn。

前　言

　　在前端开发技术的学习中，HTML5、CSS3 和 JavaScript 是基础技术，因此熟练掌握 HTML5、CSS3 和 JavaScript 技术是学习前端开发技术的第一步。

　　本书以"巨巨网络科技有限公司"网站项目为导向，并将该项目分解成若干能够实现阶段成果的任务，对 HTML5、CSS3 和 JavaScript 的知识进行了详细介绍和应用举例。全书共有 11 个模块，具体介绍如下。

　　模块 1 为企业官网新闻中心模块设计，该模块将设计"巨巨网络科技有限公司官网新闻中心"模板。通过该模块的学习，读者可以了解常见网页名词、HTML 结构和常用标签，并掌握开发工具的安装和使用方法，通过软件进行简单图文混排页面的布局设计。

　　模块 2 为企业年度业绩报表页面设计，该模块将通过 HTML 表格技术完成"巨巨网络科技有限公司年度业绩报表"页面的设计。通过该模块的学习，读者可以掌握 HTML 中表格的使用方法，熟悉表格的行列属性及合并、拆分、嵌套等操作，并能够设计常见的数据表格。

　　模块 3 为新闻中心模块样式美化，该模块将美化"巨巨网络科技有限公司官网新闻中心"模块的样式。通过该模块的学习，读者可以掌握 CSS 使用基础，以及 CSS 选择器和样式属性的使用方法，能够正确引用 CSS 样式对文本样式进行美化。

　　模块 4 为"加入我们"页面设计，该模块将完成"加入我们"页面的布局与样式设计。通过该模块的学习，读者可以掌握表单、表单元素和 CSS3 选择器的使用方法。

　　模块 5 为"产品中心"页面设计，该模块将完成"产品中心"页面的布局与样式设计。通过该模块的学习，读者可以掌握盒模型、浮动、精灵图的使用方法。

　　模块 6 为企业官网首页设计，该模块将完成企业官网首页的结构搭建，以及导航栏与底部栏的设计。通过该模块的学习，读者可以掌握 HTML5 新增的语义化标签，以及 CSS3 新增的渐变、阴影和滤镜等属性的使用方法。

　　模块 7 为企业官网首页广告栏设计，该模块将完成企业官网首页广告栏的布局与切换效果设计。通过该模块的学习，读者可以掌握盒模型固定定位、相对定位和绝对定位的使用方法，并能够根据不同定位的属性，选择合理的定位方式进行页面布局设计。

模块 8 为企业官网首页广告栏动画设计，该模块将完成企业官网首页广告栏的交互动画设计。通过该模块的学习，读者可以掌握 CSS 属性过渡与动画设计，并能够根据设计需求进行流畅的 CSS 动画设计。

模块 9 为"关于我们"模块设计，该模块将完成企业官网首页中"关于我们"模块的布局与样式设计。通过该模块的学习，读者可以掌握 HTML5 多媒体标签的使用方法，以及 SVG 图形和 Canvas 的相关知识，并能够通过 HTML5 多媒体标签、SVG 图形和 Canvas 进行更丰富的多媒体网页设计。

模块 10 为移动端网页设计，该模块将完成移动端宣传页和首页的设计。通过该模块的学习，读者可以掌握视口、相对长度单位、flex 布局等移动端网页开发知识，并能够合理应用相对长度单位和 flex 布局进行移动端网页设计。

模块 11 为网页交互功能设计，该模块将完成企业网页中轮播图的设计。通过该模块的学习，读者可以掌握 JavaScript 的基础语法和 DOM 对象操作，并能够进行简单的网页交互设计。

本书的编写特点如下。

（1）本书采用项目导向、任务驱动的方式进行内容编排，将基础知识与项目实战紧密结合，易于读者理解抽象的知识内容，并将其应用于实战中。

（2）本书知识点覆盖全面，涉及 HTML、HTML5、CSS3、JavaScript 等基础知识，大部分知识点有详细说明和案例示范，并采用完整项目串联章节知识，帮助读者打下坚实的网页开发基础。

（3）本书配备了丰富的项目案例、课程文档、微课视频、案例实操视频等资源。

（4）本书配套 1+X 初级考题精解、模拟题库，方便读者进行考前训练。

（5）本书的合作编写企业还提供了独创的在线 AI 实训平台，能够让读者在线实践知识点内容，并通过 AI 实验帮手逐步实现复杂的企业化项目。该平台真正实现了学习、实践、测评一体化，还支持学情分析功能，便于教师通过平台掌握学生的学习进度、知识薄弱点等数据，更好地改进教学质量。

本书编写人员有来自教学第一线的，也有来自企业第一线的。教学项目的设计由福建巨巨网络科技有限公司的吴森宏工程师完成。编写分工如下。

福州外语外贸学院袁晓建老师负责模块 1～模块 5 的编写及全书的统稿工作，广东工程职业技术学院的陆晓梅老师负责模块 6 和模块 7 的编写，福州职业技术学院的郑若鹉老师负责模块 8 和模块 9 的编写，福州职业技术学院的王琳燕老师负责模块 10 和模块 11 的编写。

由于编者的水平有限，书中难免存在疏漏之处，恳请读者批评、指正，万分感谢。

编　者

目 录

模块 1
企业官网新闻中心模块设计

本模块主要介绍常见网页名词、HTML 结构和常用标签，开发工具的下载、安装和使用方法，并通过软件进行简单图文混排页面的布局设计。

 知识目标

了解常见网页名词；

掌握开发工具的下载、安装和使用方法；

掌握网站项目工程的创建方法；

掌握 HTML 常用标签的属性和使用方法。

模块 1 微课

 技能目标

能够正确安装和使用开发工具；

能够正确创建网站项目工程；

能够正确使用 HTML 常用标签，并进行简单图文混排页面的布局设计。

 项目背景

在互联网时代，人们常常通过搜索网络信息来了解企业情况，官方网站对一个企业而言至关重要，甚至已经具有某种象征性的意义。本模块围绕巨巨网络科技有限公司官网新闻中心模块的设计任务进行介绍，包括新闻详情页、新闻列表页的布局与页面超链接设计等内容。

 任务规划

本模块将设计巨巨网络科技有限公司官网新闻中心模块，需要读者对开发工具、网站项目工程的创建及 HTML 常用标签有所认识。本模块包括 4 个子任务，通过子任务的实施，逐步完成企业官网新闻中心模块的设计。

任务 1　网页的认识与开发环境的搭建

【任务概述】

本任务主要介绍网页基础知识，开发工具的下载、安装和使用方法，帮助读者认识网页并掌握网页开发环境的搭建方法。

【知识准备】

1.1　网页概述

1. 网页与网站

网页是一种可以在互联网上传输，能够被浏览器识别并显示出来的文件，是网站的基本构成元素。网页有静态网页和动态网页之分。静态网页指没有后台数据库、没有前后端交互功能的网页。动态网页是基本的 HTML 与 Java、PHP 等高级程序设计语言及数据库编程等多种技术的融合，以实现对网站内容、风格等进行高效、动态和交互式的管理。网站由多个网页组成，每个网页之间并不是杂乱无章的。将网页有序链接在一起就形成了一个网站。

2. 浏览器与内核

浏览器是用来检索、展示及传递 Web 信息资源的应用程序。浏览器的种类有很多，但是主流的内核只有 4 种。不同的浏览器，就是在主流内核的基础上添加不同的功能而构成的。不同的浏览器内核对网页编写语法的解释有所不同，因此同一网页在不同内核的浏览器中的渲染（显示）效果也可能不同，这也是网页编写者需要在不同内核的浏览器中测试网页显示效果的原因。常见浏览器及其内核如表 1-1 所示。

表 1-1　常见浏览器及其内核

浏览器内核	常见浏览器
Trident 内核（又称 IE 内核）	IE、世界之窗 5.0 浏览器、Avant、腾讯 TT、Netscape 8、NetCaptor、Sleipnir、GOSURF、GreenBrowser 和 KKman 等
Gecko 内核	Firefox、Netscape 6～Netscape 9 等
WebKit 内核	Safari、Google Chrome、搜狗高速浏览器、QQ 浏览器、360 极速浏览器、猎豹浏览器、Edge 等
Presto 内核	Opera 等

目前，WebKit 内核因其开源特性及清晰的源码结构、极快的渲染速度受到了众多浏览器产商和用户的欢迎，WebKit 内核最具代表性的浏览器产品当属 Google Chrome 及 Safari。本书主要以 WebKit 内核浏览器为例展示代码渲染效果。

3．常见网页名词解释

（1）Internet。

Internet 的中文译名为因特网，又称国际互联网。Internet 是由使用公用语言互相通信的计算机连接而成的全球网络。它连接着所有的计算机，用户可以从 Internet 上找到不同的信息。用户通过搜索引擎输入一个或多个关键词，就可以找到符合要求的网页。

（2）WWW。

WWW（World Wide Web）的中文译名为万维网。万维网是由成千上万个网页和网站组成的，它们是 Internet 最重要的组成部分。万维网实际上是多媒体的集合，由超链接链接在一起。Internet 则是一个网络，通过各种传输媒体将世界各地不同结构的计算机网络链接在一起。

（3）URL。

在 WWW 上，每个信息资源都在网络上有统一且唯一的地址，该地址名为 URL（Uniform Resource Locator，统一资源定位器），是 WWW 的统一资源定位标志，即网络地址。

（4）DNS。

DNS（Domain Name System）即域名系统，也称域名解析系统。域名解析是指把域名指向网站空间 IP 地址，让用户通过注册的域名方便地访问网站的一种服务。IP 地址是网络上标识站点的数字地址。为了方便记忆，通常采用域名代替 IP 地址来标识站点地址。域名解析就是域名到 IP 地址的转换过程。

（5）HTTP 和 HTTPS。

HTTP（HyperText Transfer Protocol）即超文本传输协议，是一个简单的请求-响应协议。它指定了客户端发送给服务器的不同消息及得到的不同响应。

HTTPS（HyperText Transfer Protocol over Secure Socket Layer）是以安全为目标的HTTP 通道。在 HTTP 的基础上，HTTPS 通过传输加密和身份认证，保证了传输过程的安全性。

（6）W3C 组织。

W3C 组织是制定网络标准的一个非营利性组织。W3C 的全称为 World Wide Web Consortium（万维网联盟），如 HTML、XHTML、CSS、XML 的标准就是由 W3C 来制定的。

1.2 网页文件及开发工具介绍

每一个网页文件都有其固定的后缀名，不同的后缀名对应着不同的文件格式和不同的规则、协议、用法。常见的网页文件有 HTML 文件、CSS 文件和 JavaScript 文件。本节将对 HTML、CSS 和 JavaScript 的相关知识及网页开发工具进行简单介绍。

1．HTML

HTML 的全称为 HyperText Markup Language（超文本标记语言），它是一种标记语言，其文件后缀名为.html。它主要是通过 HTML 标签对文字、图形、动画、声音、表格、超链接等进行描述的。HTML 文件主要用于承载网页的结构和内容。

2．CSS

CSS 的全称为 Cascading Style Sheets（层叠样式表），是一种用来表现 HTML、XML 等文件样式的计算机语言。CSS 能够对网页中元素的位置、颜色、背景、字体等样式进行控制。

3．JavaScript

JavaScript 是一种属于网络的高级脚本语言，已被广泛用于 Web 应用开发，通常用来为网页添加各式各样的动态功能，为用户提供更流畅、美观的浏览效果。JavaScript 脚本通常是通过嵌入在 HTML 中来实现自身功能的。

4．网页开发工具

目前，市面上比较流行的网页开发工具有 Visual Studio Code、WebStorm、HBuilderX、Sublime Text 等。在实际开发工作中，往往结合使用多种网页开发工具。本书中主要以 HBuilderX 为主。如图 1-1 所示，从左到右依次为 Visual Studio Code、WebStorm、HBuilderX、Sublime Text 的图标。

Visual Studio Code   WebStorm   HBuilderX   Sublime Text

图 1-1　常用网页开发工具

【任务实施】

1．HBuilderX 的下载与安装

（1）打开 HBuilderX 的官网首页，单击"DOWNLOAD"标签，前往下载页面（该网站可能随时间变化进行更新）。

（2）根据操作系统选择对应的版本。其中，标准版可直接用于传统网页开发；App 开发版预置了 App/uni-app 开发所需的插件，体积较大，可用于移动 App 的开发。本书中主要以 Windows 下的标准版为主。HBuilderX 官网提供的下载选项如图 1-2 所示。

（3）由于 HBuilderX 是无须安装的，所以我们将下载的压缩包解压缩后，找到 HBuilderX.exe 文件，双击运行即可。HBuilderX 主界面如图 1-3 所示。

图 1-2　HBuilderX 官网提供的下载选项

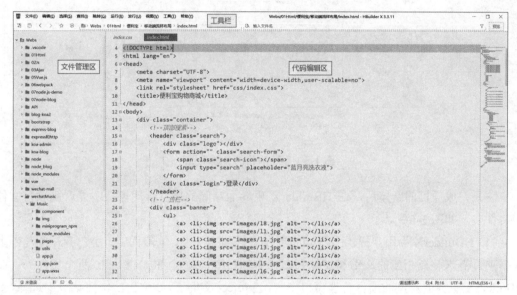

图 1-3　HBuilderX 主界面

2. 使用 HBuilder 新建项目工程

【方法一】

（1）在 HBuilderX 主界面中选择"文件"→"新建"→"项目"命令，新建项目，如图 1-4 所示。

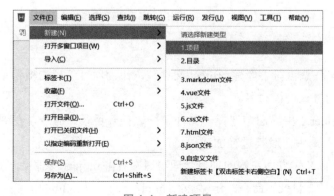

图 1-4　新建项目

（2）如图 1-5 所示，在弹出的对话框中，在①处选择"普通项目"选项；在②处填写项目名称，这里以"project"进行命名；在③处填写（或选择）项目保存路径（若更改此路径，则 HBuilderX 会记录，之后会默认使用更改后的路径）；在④处选择使用的模板，这里在 HTML 与 CSS 的网页布局项目中选择"基本 HTML 项目"模板。

图 1-5 新建项目的参数设置

（3）完成项目的新建后，在 HBuilderX 主界面左侧的项目管理窗口中能看到项目文件和文件夹，如图 1-6 所示。

（4）HBuilderX 为用户提供了基础的项目文件和文件夹，一般而言，用户会在此基础上根据项目需求补充相应的文件和文件夹。在本项目中，新建 html 和 lib 两个文件夹：在 HBuilderX 主界面左侧的项目管理窗口中右击 project 文件夹，在弹出的快捷菜单中选择"新建"→"2.目录"命令，新建项目文件夹，如图 1-7 所示。

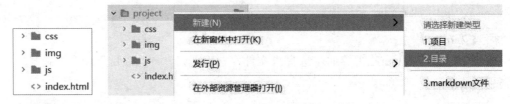

图 1-6 项目文件和文件夹 　　　　　图 1-7 新建项目文件夹

【方法二】

（1）在计算机任意盘符下新建 project 文件夹，作为项目工程的根目录，不推荐使用以中文或数字开头的方式进行命名。

（2）在 HBuilderX 主界面中选择"文件"→"打开目录"命令，在弹出的对话框中找到 project 文件夹并选中，对其进行加载。

（3）在 HBuilderX 主界面左侧的项目管理窗口中右击 project 文件夹，在弹出的快捷菜单中选择"新建"→"2.目录"命令，新建 css、html、img、js 和 lib 文件夹；在弹出的快捷菜单中选择"新建"→"7.html 文件"命令,新建 index.html 文件,注意 index.html 文件被存储在项目工程的根目录下,具体的项目文件夹结构如图 1-8 所示。

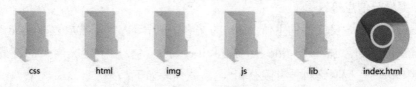

css　　html　　img　　js　　lib　　index.html

图 1-8　项目文件夹结构

(4)在此我们仅简单认识一下项目中各文件和文件夹的作用,后续的任务中会对各文件和文件夹进行详细说明。

- index.html 文件表示网站首页。
- css 文件夹主要用于存放网站页面的样式表。
- html 文件夹主要用于存放除网站首页外的其他 HTML 文件。
- img 文件夹主要用于存放网站图片。
- js 文件夹主要用于存放 JavaScript 文件。
- lib 文件夹主要用于存放引入的资源库、插件等内容。

【任务拓展】

1. 熟悉 HBuilderX 的基础使用方法。
2. 了解 HTML 文件、CSS 文件和 JavaScript 文件在网页设计中的作用。

任务 2　创建网站首页

【任务概述】

本任务通过介绍 HTML 基本结构和属性,讲解 HTML 的基础使用方法,帮助读者认识 HTML、掌握 HTML 的使用规范,并创建符合 HTML 规范的网站首页。

【知识准备】

2.1　HTML 基本结构

HTML 包括一系列标签,其基本结构如下:

```
<html>
    <head></head>
    <body>Hello World! </body>
</html>
```

其中，<html>标签用于告知浏览器其自身是一个 HTML 文件。

<head>标签用于定义文件的头部。<head>标签中的元素可以引用脚本、指引浏览器找到样式表、提供元信息等。

<body>标签用于定义文件的主体。网站的文字、图片等内容都被放置在<body>标签中。

在<head>标签中添加一个<title>标签（<title>标签主要用于定义网页的标题），并在<title>标签中输入"巨巨网络科技有限公司"，具体代码如下：

```html
<html>
    <head>
        <title>巨巨网络科技有限公司</title>
    </head>
    <body>
            Hello World!
    </body>
</html>
```

在浏览器中预览 HTML 页面，可以看到网页的标题和正文内容已经出现，效果如图 1-9 所示。

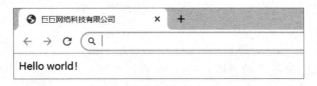

图 1-9　页面预览效果

2.2　HTML 注释

注释标签用于在源代码中插入注释，而注释不会被显示在网页中。HTML 注释的基本语法格式如下：

```html
<!-- HTML注释的内容 -->
```

例如：

```html
<body>
        <!-- body为主体内容 -->
        Hello world!
</body>
```

在 HBuilderX 中，可以选择需要注释的文字，按快捷键"Ctrl+/"即可对文字进行注释。

2.3　HTML 标签及属性

HTML 是一种标记语言，HTML 页面的所有内容均被书写在标签内部，所以标签是组成 HTML 页面的基本元素。在通常情况下，标签由开始标签和结束标签组成。开始标签和结束标签之间的信息，叫作元素的内容体。例如：

```
<div>Hello world!</div>
```

HTML 标签根据是否闭合的特性，分为"闭合标签"和"空标签"。HTML 中大部分标签都是闭合标签，例如：

```
<div>apple</div>
<p>banana</p>
<li>flower</li>
```

HTML 中只有少部分标签为空标签，如<hr>、<img>、<input>、<link>和<meta>。

HTML 标签可以拥有属性。属性提供了有关 HTML 元素的更多信息，总是以"名称=值"的"键值对"形式出现，例如"name="value""，其中 name 为键名，"value"为键值。属性是在 HTML 元素的开始标签中定义的，当有多个属性时，通常采用空格进行分隔。例如：

```
<div class="text" id="text"></div>
```

2.4　文件声明

HTML 有多个不同的版本，只有正确声明 HTML 的版本，浏览器才能完全正确地显示 HTML 页面，这就是<!DOCTYPE>的用处。<!DOCTYPE>不是 HTML 标签，它是为浏览器提供的一项声明，即声明 HTML 是用什么版本编写的，通常被放在文件首行。

以下为常用的<!DOCTYPE>声明。

HTML5（目前主流版本）：

```
<!DOCTYPE html>
```

HTML 4.01 Transitional：

```
<!DOCTYPE HTML PUBLIC "-//W3C//DTD HTML 4.01 Transitional//EN"
"http://www.w3.org/TR/html4/loose.dtd">
```

XHTML 1.0 Frameset：

```
<!DOCTYPE html PUBLIC "-//W3C//DTD XHTML 1.0 Frameset//EN"
"http://www.w3.org/TR/xhtml1/DTD/xhtml1-frameset.dtd">
```

2.5　头部声明

1. <head> 标签

<head>标签是所有头部元素的容器。以下标签都可以被添加到<head>标签中：<title>、<base>、<link>、<meta>、<script>、<style>。

2. <meta> 标签

<meta>是一个空标签，始终位于<head>标签中，用于提供有关页面的元信息。该标签主要用于以下场景。

（1）定义针对搜索引擎的关键词，这里以京东网站为例。

```
<meta name="Keywords" content="网上购物,网上商城,手机,电脑,MP3,CD,VCD,DV,相机,数码,配件,手表,存储卡">
```

（2）定义对页面的描述。

```
<meta name="description" content="京东 JD.COM-专业的综合网上购物商城，销售家电、手机、电脑、家居百货、服装服饰、母婴用品、图书、食品等数万个品牌优质商品，为您提供便捷、诚信的服务，以及愉悦的网上购物体验！">
```

（3）规定 HTML 文件的字符编码。

```
<meta charset="utf-8">
```

【任务实施】

在学习和掌握 HTML 基本结构与属性之后，我们将在本任务中创建一个符合 HTML 规范的网站首页。

（1）在项目工程根目录的 index.html 文件中输入 HTML 基本结构。

```
<html>
    <head>
        <title>巨巨网络科技有限公司</title>
    </head>
    <body>
        Hello World!
    </body>
</html>
```

（2）在源代码首行声明该页面为 HTML5 页面。

```
<!DOCTYPE html>
```

（3）在<head>标签中使用<meta>标签对 HTML 文件的字符编码进行设置。

```
<meta charset="utf-8">
```

完整代码如下：

```
<!DOCTYPE html>
<html>
    <head>
        <meta charset="utf-8">
        <title>巨巨网络科技有限公司</title>
    </head>
    <body>
        Hello World!
    </body>
</html>
```

（4）在 HBuilderX 主界面中单击工具栏上的"浏览器运行"按钮 ⊙（快捷键为 Ctrl + R），进行页面预览。

在实际的开发工作中，无须将以上标签逐一输入，因为编辑器提供了快速生成 HTML

模板的方法。在编辑器中打开 HTML 文件，输入"html"并按回车键，即可快速生成 HTML 模板。

【任务拓展】

1. 了解 HTML 的 lang 属性，掌握<html lang="en">声明的作用。
2. 了解<meta>标签的其他拓展使用方法。

任务 3　新闻详情页设计

【任务概述】

　　本任务通过介绍 HTML 的常用文字与段落标签、图像标签及超链接，讲解 HTML 页面的结构，并通过合理使用标签，进行巨巨网络科技有限公司新闻详情页的设计。

【知识准备】

3.1　文字与段落标签

1. 标题与段落标签

<h1>～<h6> 标签用于定义标题。<h1>标签用于定义最大的标题；<h6>标签用于定义最小的标题。

<p>标签用于定义段落。

<h>标签和<p>标签可通过 align 属性设置文本的对齐方式。通常建议使用 CSS 样式设置对齐方式，如表 1-2 所示。

表 1-2　使用 CSS 样式设置对齐方式

值	描述
left	左对齐内容
right	右对齐内容
center	水平居中对齐内容

　　例如：

```
<h1>标题 h1</h1>
<h2>标题 h2</h2>
<h3>标题 h3</h3>
<h4>标题 h4</h4>
<h5>标题 h5</h5>
<h6>标题 h6</h6>
```

```
<p align="center">    HTML 表示超文本标记语言，是一种标记语言。它包括一系列标签。</p>
<p align="right">    HTML 表示超文本标记语言，是一种标记语言。它包括一系列标签。</p>
```

运行代码，效果如图 1-10 所示。

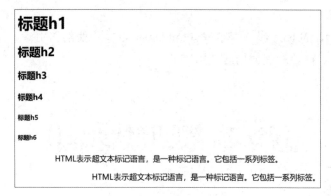

图 1-10　标题与段落标签预览效果

2. 文本修饰标签

文本修饰标签用于修饰文本的显示方式，但并不改变网页的结构。只需将需要修饰的内容写在文本修饰标签中即可。常用的文本修饰标签如下。

- 字体倾斜：<i></i>、<em></em>。其中，<em></em>标签能够强调内容，对搜索引擎更友好。
- 字体加粗：<b></b>、<strong></strong>。
- 文本上标：。
- 文本下标：。
- 下画线：<ins></ins>。
- 删除线：<del></del>。

以上所有文本修饰标签均为行内标签，不会自动换行，如果需要显示换行效果，则需要在每个文本修饰闭合标签之后添加
标签。例如：

```
<i>字体倾斜 1</i>
<br>
<em>字体倾斜 2</em>
<br>
<b>字体加粗 1</b>
<br>
<strong>字体加粗 2</strong>
<br>
<p>文本<sup>上标</sup></p>
<p>文本<sub>下标</sub></p>
<ins>文本下画线</ins>
<br>
<del>文本删除线</del>
```

运行代码，效果如图 1-11 所示。

3．HTML 字符实体

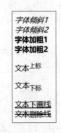

图 1-11　文本修饰标签预览效果

在 HTML 中，某些字符是预留的。例如，在 HTML 中不能使用小于号（<）和大于号（>），这是因为浏览器会误认为它们是标签。如果希望浏览器正确地显示预留字符，那么我们必须在 HTML 源代码中使用字符实体。

例如，在 HTML 中输入如下文本：

> 这是一个<p>标签

预览网页，将看到相应效果，如图 1-12 所示。

图 1-12　未使用字符实体预览效果

其中，<p>标签被 HTML 解析为段落标签了，所以需要输入如下代码，才可以让其正确显示：

> 这是一个&ltp&gt 标签

HTML 常用字符实体如表 1-3 所示。

表 1-3　HTML 常用字符实体

显示结果	描述	实体名称
	空格	
<	小于号	&lt;
>	大于号	&gt;
&	和号	&amp;
·"	引号	&quot;
'	撇号	'（IE 不支持）
¥	元	&yen;
€	欧元	&euro;
§	小节	&sect;
©	版权	&copy;
®	注册商标	&reg;
™	商标	&trade;
×	乘号	&times;
÷	除号	&divide;

3.2　图像标签

1．图像标签的基本属性

在 HTML 中，图像由<img>标签定义。<img>标签是空标签，它只包含属性，并且没有闭合标签。<img>标签的必需属性如表 1-4 所示。

表 1-4　<img>标签的必需属性

属性	值	描述
src	URL	规定显示图像的 URL
alt	text	规定图像的替代文本

2．绝对路径与相对路径

绝对路径是指完整的网址或者文件在硬盘上真正存在的路径，如下所示。

```
https://www.hualigs.cn/image/623991267c4ba.jpg
C:/Users/Admin/Desktop/a.jpg
```

例如，可以通过绝对路径引入一张网页图片：

```
<img src="https://www.hualigs.cn/image/623991267c4ba.jpg" alt="草莓">
```

相对路径是指相对于源文件的目标文件位置。在<img>标签的图像引用中通常使用相对路径。可以参考表 1-5 所示的方法使用相对路径。

表 1-5　相对路径的使用方法

描述	使用方法	使用案例
目标文件与源文件在同一级目录下	直接引用	<img src="picture.jpg"　alt="flower">
目标文件在源文件的上一级目录下	使用 ../ 返回上一级	<img src="../picture.jpg"　alt="flower">
目标文件在某个目录下	使用 / 表示下一级	<img src="img/a.jpg"　alt="flower">

例如，可以通过相对路径引入同级目录下的 apple.png 图片。

```
<img src="apple.png" alt="苹果">
```

3.3　超链接

<a>标签用于定义超链接。超链接可以是一个文字、一段文本、一张图片等。单击超链接，可以跳转至新的文件中或者当前文件中的某部分。

1．href 属性

<a>标签最重要的属性是 href 属性，用于指定链接的目标。例如：

```
<a href="http://www.baidu.com">跳转至百度</a>
```

单击"跳转至百度"文字链接之后，即可跳转至百度首页。

除跳转至外部链接外，使用 href 属性也可以跳转至本地链接，此时 href 属性指定的路径使用相对路径。例如：

```
<a href="home.html">跳转至 home 页面</a>
```

单击"跳转至 home 页面"文字链接之后，即可跳转至同级目录下的 home.html 文件中。

2．target 属性

<a>标签的 target 属性用于规定在指定位置打开被链接的文件。target 属性取值如表 1-6 所示。

表 1-6 target 属性取值

值	描述
_blank	在新窗口中打开被链接的文件
_self	默认值,在相同的框架中打开被链接的文件
_parent	在父框架集中打开被链接的文件
_top	在整个浏览器窗口中打开被链接的文件
framename	在指定的框架中打开链接的文件

例如,单击"跳转至百度"文字链接之后,将会在新窗口中打开百度首页。

```
<a href="http://www.baidu.com" target="_blank">跳转至百度</a>
```

3. title 属性

title 属性用于定义链接的提示文字。例如:

```
<a href="http://www.baidu.com"  title="即将跳转至首页">单击跳转至首页</a>
```

将鼠标指针移动到文字链接上面,即可显示链接提示文字,如图 1-13 所示。

图 1-13 链接提示文字

4. 锚链接

使用锚链接不仅能让链接指向文件,还能让链接指向页面中的特定段落。而且,锚链接还被当作"精准链接"的便利工具,让链接对象接近焦点,便于浏览者查看网页内容。

同一页面锚链接的使用方法如下。

(1)定义锚点。在定义锚点时,可使用 name 属性或 id 属性指定锚点名,在 HTML5 中,建议使用 id 属性指定锚点名。

```
<p name="锚点名"  id ="锚点名">内容</p>
```

(2)寻找锚链接。注意,需要在锚点名前面加上#号。

```
<a href="#锚点名">跳转至锚点</a>
```

例如:

```
<h1 id="top">标题</h1>
<p>内容</p>
<p>内容</p>
<p>内容</p>
<p>内容</p>
<!-- 请自行补充多行 P 标签 -->
<a href="#top">返回顶部标题</a>
```

单击"返回顶部标题"文字链接,页面即可滚动回顶部标题位置。

不同页面锚链接的使用方法如下。

(1)定义锚点。

```
<p name="锚点名" id ="锚点名">内容</p>
```

(2)寻找锚链接。

```
<a href="跳转的目标页面#锚点名">跳转至锚点</a>
```

例如，在同一级目录下新建 a.html 和 b.html 文件，在 a.html 文件中输入如下代码：

```
<p>内容</p>
<p>内容</p>
<!-- 请自行补充多行 P 标签 -->
<p id="html">HTML 课程</p>
<p>内容</p>
<!-- 请自行补充多行 P 标签 -->
```

在 b.html 文件中输入如下代码：

```
<a href="index.html#html">跳转至 HTML 课程</a>
```

在网页中预览 b.html 文件，单击"跳转至 HTML 课程"文字链接，即可跳转至 index.html 文件中的锚点位置，实现不同页面之间的锚点跳转效果。

【任务实施】

根据图 1-14 进行巨巨网络科技有限公司新闻详情页的设计。

图 1-14　新闻详情页设计效果

（1）打开 project 文件夹，在 html 文件夹中新建 news.html 文件。在 news.html 文件中快速生成 HTML 模板，修改<title>标签的值为"巨巨新闻"。

```
<!DOCTYPE html>
<html>
    <head>
        <meta charset="utf-8">
        <title>巨巨新闻</title>
    </head>
    <body>
    </body>
</html>
```

（2）在 img 文件夹中放置新闻栏图片 new_banner.jpg，通过<img>标签将该图片引入 news.html 文件中，并设置图片宽度，使其与浏览器适配。在引用图片时，注意正确书写图片的相对路径。

```
<body>
    <img src="../img/new_banner.jpg" alt="新闻栏" width="100%">
</body>
```

（3）通过<h2>标签设置新闻标题，并将其设置为居中对齐。这里暂时先通过 align 属性进行居中对齐设置，后续将通过样式表的方式进行居中对齐设置。

```
<body>
    <img src="../img/new_banner.jpg" alt="新闻栏" width="100%">
    <h2 align="center">巨巨网络，资源特色</h2>
</body>
```

（4）编写新闻引言、新闻标题和新闻内容。使用<i>标签将引言的具体内容设计为斜体格式，并使用<h4>标签设置标题，使用<p>标签设置正文，读者可自行补充标签中的文字内容。

```
<img src="../img/new_banner.jpg" alt="新闻栏" width="100%">
    <h2 align="center">巨巨网络，资源特色</h2>
    <h4 align="center">引言</h4>
    <i>近年来，ICT 行业技术持续推动各领域创新，给学校人才培养提出了新的需求......</i>
    <h4>教学大纲、教学计划</h4>
    <p>教学大纲内容包括课程目标、课程内容与要求......</p>
    <h4>实训题目</h4>
    <p> 所有实训题目基于工作过程系统化设计......</p>
    <h4>项目化案例</h4>
    <p>所有项目化案例基于工作过程系统化设计......</p>
    <!-- 请读者自行补充多段标题和正文内容，新闻页面长度需大于屏幕幕高度 -->
```

上述代码运行效果如图 1-15 所示。

图 1-15　新闻引言、新闻标题和新闻内容预览效果

（5）为新闻各段落添加锚链接，方便读者跳转阅读。在各个段落标题中添加 id 属性，并在页面顶部使用<a>标签设计目录，链接至各锚点。注意，<a>标签为行内标签，不会自动换行，需要在闭合标签之后添加
标签以实现换行效果。

```html
<!-- 图文标题 -->
<img src="../img/new_banner.jpg" alt="新闻栏" width="100%">
<h2 align="center">巨巨网络，资源特色</h2>
<!-- 链接目录 -->
<a href="#section1">教学大纲、教学计划</a><br>
<a href="#section2">实训题目</a><br>
<a href="#section3">项目化案例</a><br>
<a href="#section4">企业项目案例</a><br>
<a href="#section5">指导视频</a><br>
<a href="#section6"> 作业题目</a><br>
<a href="#section7"> 教学 PPT</a><br>
<a href="#section8"> 配套工具包</a><br>
<!-- 引言 -->
<h4 class="title">引言</h4>
<p><!-- 请读者自行补充段落标签中的内容 --></p>
<!-- 新闻内容 -->
<h4 id="section1">教学大纲、教学计划</h4>
<p><!-- 请读者自行补充段落标签中的内容 --></p>
<h4 id="section2">实训题目</h4>
<p><!-- 请读者自行补充段落标签中的内容 --></p>
<h4 id="section3">项目化案例</h4>
<p><!-- 请读者自行补充段落标签中的内容 --></p>
```

```
<h4 id="section4">企业项目案例 </h4>
<p><!-- 请读者自行补充段落标签中的内容 --></p>
<h4 id="section5">指导视频 </h4>
<p><!-- 请读者自行补充段落标签中的内容 --></p>
<h4 id="section6">作业题目 </h4>
<p><!-- 请读者自行补充段落标签中的内容 --></p>
<h4 id="section7">教学 PPT </h4>
<p><!-- 请读者自行补充段落标签中的内容 --></p>
<h4 id="section8">配套工具包 </h4>
<p><!-- 请读者自行补充段落标签中的内容 --></p>
```

在浏览器中预览页面，单击页面顶部的锚链接，即可快速跳转至对应的新闻标题。

【任务拓展】

详情页的引言部分使用<i>标签显示斜体文字，是否可以使用其他标签实现同样的效果？不同标签的使用方法有什么区别？

任务 4 新闻列表页设计

【任务概述】

本任务主要介绍 HTML 中有序列表、无序列表和自定义列表的使用方法，以及 HTML 列表内容的布局方式，并进行巨巨网络科技有限公司新闻列表页的设计。

【知识准备】

1. 有序列表

有序列表是一列项目，且列表项目使用阿拉伯数字、字母、罗马数字等进行标记。有序列表始于<ol>标签；每个列表项目始于 <li> 标签。例如：

```
<ol>
    <li>牛肉汉堡</li>
    <li>鸡肉汉堡</li>
</ol>
```

浏览器显示效果如图 1-16 所示。

> 1.牛肉汉堡
> 2.鸡肉汉堡

图 1-16　有序列表效果（1）

有序列表常用属性如表 1-7 所示。

表 1-7　有序列表常用属性

属性	值	使用案例
start	number	规定有序列表的起始值
type	1、A、a、I、i	规定在列表中使用的标记类型

例如，设置一个有序列表，使其列表项目标记为英文大写字母，起始值为 B，写法如下：

```
<ol type="A" start="2">
    <li>西瓜</li>
    <li>葡萄</li>
    <li>香蕉</li>
    <li>鸭梨</li>
</ol>
```

浏览器显示效果如图 1-17 所示。

```
B.西瓜
C.葡萄
D.香蕉
E.鸭梨
```

图 1-17　有序列表效果（2）

2. 无序列表

无序列表是一个项目的列表，此项目默认使用实心圆点进行标记。无序列表可通过 type 属性值设置项目符号类型，其具体值如表 1-8 所示。

表 1-8　无序列表的 type 属性值

type 属性值	描述
disc	默认值。实心圆
circle	空心圆
square	实心方块

例如，设置一个新闻列表，使用空心圆作为项目符号：

```
<ul type="circle">
    <li>新闻一</li>
    <li>新闻二</li>
    <li>新闻三</li>
    <li>新闻四</li>
</ul>
```

浏览器显示效果如图 1-18 所示。

```
○ 新闻一
○ 新闻二
○ 新闻三
○ 新闻四
```

图 1-18　无序列表效果

3. 自定义列表

自定义列表通过<dl>标签定义，并使用<dt>标签定义标题，使用<dd>标签定义内容。
例如：

```
<h3>自定义列表</h3>
<dl>
    <dt>一级</dt>
        <dd>二级</dd>
        <dd>二级</dd>
    <dt>一级</dt>
        <dd>二级</dd>
        <dd>二级</dd>
</dl>
```

浏览器显示效果如图 1-19 所示。

图 1-19　自定义列表效果

自定义列表经常用于设计多级导航菜单，图 1-20 所示的菜单栏就是使用自定义列表设计的。

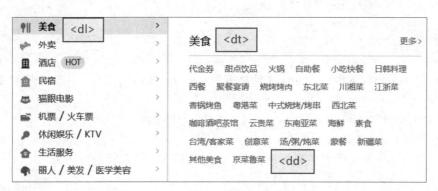

图 1-20　使用自定义列表设计的菜单栏

【任务实施】

根据图 1-21 进行巨巨网络科技有限公司新闻列表页的设计。

图 1-21　新闻列表页设计效果

（1）在 html 文件夹中新建 newsList.html 文件，生成 HTML 模板，修改文件<title>标签的值为"新闻列表"。

```
<!DOCTYPE html>
<html>
    <head>
        <meta charset="utf-8">
        <title>新闻列表</title>
    </head>
    <body></body>
</html>
```

（2）在<body>标签中引入 img 文件夹下的 new_banner.jpg 文件，作为新闻栏图片。

```
<body>
    <img src="../img/new_banner.jpg" alt="新闻栏" width="100%">
</body>
```

（3）使用<h2>标签设置内容标题，并通过<img>标签引入标题文字的图片。

```
<body>
    <img src="../img/new_banner.jpg" alt="新闻栏" width="100%">
    <h2><img src="../img/wifi.png" alt="icon"> 巨巨新闻</h2>
</body>
```

（4）通过自定义列表编写分类新闻列表。为各类新闻标题的<dt>标签设置 id 属性，用于进行页面锚链接跳转，为新闻列表内容的<dd>标签添加<a>标签，用于跳转至新闻详情页 news.html。

```
<body>
    <!-- 新闻列表标题图文 -->
    <img src="../img/new_banner.jpg" alt="新闻栏" width="100%">
    <h2><img src="../img/wifi.png" alt="icon"> 巨巨新闻</h2>
    <!-- 自定义分类新闻列表 -->
    <dl>
        <dt id="juju_news">
            <h3>巨巨新闻</h3>
        </dt>
            <dd>
                <a href="news.html" target="_blank">巨巨网络科技有限公司年度财报</a>
            </dd>
            <!-- 请使用<dd>标签，自行补充几列新闻列表内容 -->
        <dt id="home_news">
            <h3>国内新闻</h3>
        </dt>
            <dd>
                <a href="news.html" target="_blank">中国发布减贫白皮书，外国网友纷纷表示敬佩</a>
            </dd>
            <!-- 请使用<dd>标签，自行补充几列新闻列表内容 -->
        <dt id="tec_news">
            <h3>科技新闻</h3>
        </dt>
            <dd>
                <a href="news.html" target="_blank">如何用互联网思维造车？</a>
            </dd>
            <!-- 请使用<dd>标签，自行补充几列新闻列表内容 -->
        <dt id="sport_news">
            <h3>体育新闻</h3>
        </dt>
            <dd>
                <a href="news.html" target="_blank">第八位"脑王"是谁？</a>
            </dd>
            <!-- 请使用<dd>标签，自行补充几列新闻列表内容 -->
    </dl>
</body>
```

（5）在新闻列表页顶部定义锚链接标签，用于跳转至分类新闻。

```
<body>
    <img src="../img/new_banner.jpg" alt="新闻栏" width="100%">
    <h2><img src="../img/wifi.png" alt="icon"> 巨巨新闻</h2>
    <a href="#juju_news">【巨巨新闻】</a>
    <a href="#home_news">【国内新闻】</a>
    <a href="#tec_news">【科技新闻】</a>
```

```
    <a href="#sports_news">【体育新闻】</a>
    <dl>
        <!-- dl 列表内容...... -->
    </dl>
</body>
```

【任务拓展】

请读者根据图 1-22 完成新闻列表页的设计。

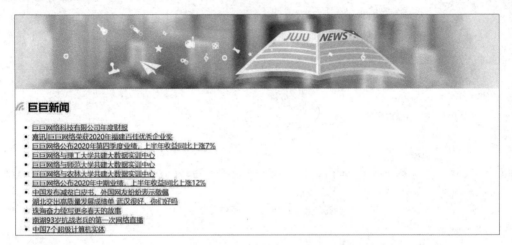

图 1-22　新闻列表页效果图

【练习与思考】

1．单选题

（1）（　　）是 HTML 中的注释格式。

A．// html 注释的内容　　　　　　　　B．<!-- html 注释的内容 -->

C．/* html 注释的内容 */　　　　　　　D．#html 注释的内容

（2）以下关于文本修饰标签的描述中错误的是（　　）。

A．字体加粗：<b></b>、<strong></strong>

B．下画线：<ins></ins>

C．字体倾斜：<i></i>、<em></em>。其中，<i></i>标签能够强调内容，对搜索引擎更友好

D．删除线：<del></del>

（3）以下关于列表的描述中正确是（　　）。

A．自定义列表通过<dl>标签定义，并使用<dd>标签定义标题，使用<dt>标签定义内容

B．无序列表可通过 type 属性设置项目符号类型

C．有序列表可通过 type 属性规定有序列表的起始值

D．<ol>标签用于定义无序列表；<ul>标签用于定义有序列表

2．多选题

（1）关于<meta>标签的作用有（　　　　）。

A．定义对页面的描述

B．规定 HTML 文件的字符编码

C．该标签位于<head>标签中

D．该标签可以用于 HTML 文件版本声明

（2）关于网站的结构，以下说法中正确的是（　　　）。

A．<title>标签主要用于定义网页的标题

B．<head>标签中的元素可以引用脚本、指引浏览器在哪里找到样式表、提供元信息等

C．<html>标签用于告知浏览器其自身是一个 HTML 文件

D．<body>标签用于定义文件的主体

（3）在 index.html 文件中引用上一级目录中的 picture.jpg 图片，以下引用方式中错误的是（　　　）。

A．<img src="picture.jpg" alt="flower">

B．<img src="../picture.jpg" alt="flower">

C．<img src="./picture.jpg" alt="flower">

D．<img src="/picture.jpg" alt="flower">

3．判断题

（1）单击以下文字链接之后，将会在新窗口中打开百度首页。　　　　（　　　）

```
<a href="http://www.baidu.com" target="_blank">跳转至百度</a>
```

（2）定义锚点时，可使用 name 属性或 id 属性定义锚点名。　　　　（　　　）

（3）<h1>～<h6> 标签可用于定义标题。<h6>标签用于定义最大的标题，<h1>标签用于定义最小的标题。　　　　（　　　）

模块 2
企业年度业绩报表页面设计

本模块主要介绍 HTML 表格的使用方法，表格的常见属性及合并、拆分、嵌套等操作，并设计常见的数据表格。

 知识目标

认识 HTML 表格；
掌握表格的常见属性；
掌握表格的合并与拆分操作；
掌握表格的嵌套操作。

模块 2 微课

 技能目标

能够完成表格的合并、拆分与嵌套；
能够布局常见的数据表格。

 项目背景

在目前的网页开发中，表格通常不再用于页面的布局与排版。但是这并不意味着表格已经被淘汰，在实际开发中，表格还是用得非常多的。表格主要是用来展示数据的，因为它可以让数据显示得非常规整，具有良好的可读性。特别是在后台展示数据时，熟练运用表格显得尤为重要，一个清爽简约的表格能够把繁杂的数据表现得条理有序。在本模块中，我们将通过对表格的学习完成"巨巨网络科技有限公司年度业绩报表"页面的设计。

 任务规划

本模块将通过 HTML 表格技术完成"巨巨网络科技有限公司年度业绩报表"页面的设计。

任务　"巨巨网络科技有限公司年度业绩报表"页面设计

【任务概述】

本任务主要介绍 HTML 表格的使用方法，帮助读者掌握表格的基础知识、表格的属性，以及表格跨行列操作与嵌套，并进行"巨巨网络科技有限公司年度业绩报表"页面的设计。

【知识准备】

1.1　表格的基础知识

1. 表格的基本结构

表格由<table>标签定义。每个表格均有若干行，每行由<tr>标签定义。每行被分割为若干单元格，每个单元格由<td>标签定义。<td>标签中存放的是表格的数据内容。

例如，定义一个三行三列且边框宽度为 1px 的表格：

```
<table border="1">
        <tr>
                <td>单元格</td>
                <td>单元格</td>
                <td>单元格</td>
        </tr>
        <tr>
                <td>单元格</td>
                <td>单元格</td>
                <td>单元格</td>
        </tr>
        <tr>
                <td>单元格</td>
                <td>单元格</td>
                <td>单元格</td>
        </tr>
</table>
```

运行以上代码后，浏览器的显示效果如图 2-1 所示。

图 2-1　三行三列且边框宽度为 1px 的表格

2．表格的基础操作

表格行的增加和删除分别是通过添加和删除<tr>标签来实现的；表格列的增加和删除分别是通过添加和删除<td>标签来实现的。例如，将上述表格修改为六行五列的书籍销量表格：

```
<table border="1">
        <tr>
                <td>书籍名称</td>
                <td>2018 年/册</td>
                <td>2019 年/册</td>
                <td>2020 年</td>
                <td></td>
        </tr>
        <tr>
                <td></td>
                <td></td>
                <td></td>
                <td>上半年/册</td>
                <td>下半年/册</td>
        </tr>
        <tr>
                <td>活着</td>
                <td>20</td>
                <td>30</td>
                <td>70</td>
                <td>70</td>
        </tr>
        <tr>
                <td>小王子</td>
                <td>30</td>
                <td>40</td>
                <td>80</td>
                <td>40</td>
        </tr>
        <tr>
                <td>围城</td>
                <td>50</td>
                <td>15</td>
                <td>30</td>
                <td>70</td>
        </tr>
        <tr>
                <td>合计</td>
                <td>100</td>
                <td>85</td>
```

```
                <td>180</td>
                <td>180</td>
            </tr>
    </table>
```

运行以上代码后，浏览器的显示效果如图 2-2 所示。表格中的空白单元格是为了后续进行合并单元格操作而预留的。

书籍名称	2018年/册	2019年/册	2020年	
			上半年/册	下半年/册
活着	20	30	70	70
小王子	30	40	80	40
围城	50	15	30	70
合计	100	85	180	180

图 2-2　书籍销量表格

3. 复杂结构的表格

（1）表头。

<th>标签用于定义表格中的表头单元格。<th>标签中的文本通常会呈现为居中的粗体文本，而<td>标签中的文本则通常会呈现为左对齐的普通文本。例如，将上述表格代码的前两行重新定义为表头：

```
<table border="1">
        <tr>
            <th>书籍名称</th>
            <th>2018 年/册</th>
            <th>2019 年/册</th>
            <th>2020 年</th>
            <th></th>
        </tr>
        <tr>
            <th></th>
            <th></th>
            <th></th>
            <th>上半年/册</th>
            <th>下半年/册</th>
        </tr>
        ......
</table>
```

运行以上代码后，浏览器的显示效果如图 2-3 所示。

（2）标题。

<caption>标签用于定义一个表格的标题，常常作为<table>标签的第一个子元素出现，显示在表格内容的最前面。<caption>标签中的文字在水平方向上相对于表格居中显示。例如，对上述表格添加标题：

书籍名称	2018年/册	2019年/册	2020年	
			上半年/册	下半年/册
活着	20	30	70	70
小王子	30	40	80	40
围城	50	15	30	70
合计	100	85	180	180

图 2-3　添加表头后的表格效果

```
<table border="1">
        <caption>书店年书籍销量</caption>
        <tr>
            <th>书籍名称</th>
```

```
        <th>2018 年/册</th>

        <th>2019 年/册</th>

        <th>2020 年</th>

        <th></th>

    </tr>

    ......

</table>
```

运行以上代码后，浏览器的显示效果如图 2-4 所示。

书店年书籍销量				
书籍名称	2018年/册	2019年/册	2020年	
			上半年/册	下半年/册
活着	20	30	70	70
小王子	30	40	80	40
围城	50	15	30	70
合计	100	85	180	180

图 2-4 添加标题后的表格效果

（3）带结构的表格。

在 HTML 中，表格被分为三大结构。

- 表头标签<thead>：用于放置表格的表头。
- 主体标签<tbody>：用于放置表格的主体数据内容。
- 表尾标签<tfoot>：用于放置表格的表尾。

例如，将上述表格进行结构划分：

```
<table border="1">

  <!-- 表格标题 -->

  <caption>书店年书籍销量</caption>

  <!-- 表头 -->

  <thead>

      <tr>

          <th>书籍名称</th>

          <th>2018 年/册</th>

          <th>2019 年/册</th>

          <th>2020 年</th>

          <th></th>

      </tr>

      <tr>

          <th></th>

          <th></th>

          <th></th>

          <th>上半年/册</th>

          <th>下半年/册</th>
```

```
        </tr>
    </thead>
<!-- 表格主体 -->
<tbody>
    <tr>
        <td>活着</td>
        <td>20</td>
        <td>30</td>
        <td>70</td>
        <td>70</td>
    </tr>
    ......
</tbody>
<!-- 表尾 -->
<tfoot>
    <tr>
        <td>合计</td>
        <td>100</td>
        <td>85</td>
        <td>180</td>
        <td>180</td>
    </tr>
</tfoot>
</table>
```

在浏览器中对表格进行渲染，可以观察到表格的展示效果并未发生改变，这是因为结构化表格并不会改变表格的结构展示，但是整体的代码可读性得到了极大的增强。

在使用结构化表格时，大家需要注意它的 3 个特点。

- 结构化表格并不会改变表格的结构展示。
- 在使用结构化表格时，浏览器会根据模块进行表格的加载和展示，而不用将表格全部加载完成后再进行展示。当网络速度较慢或表格数据较多时，结构化表格能改善网页加载速度。
- 结构化表格会根据表头、主体、表尾的顺序进行展示，而不会根据 HTML 代码的位置进行顺序展示。

1.2　表格的属性

1. <table>标签的常见属性

<table>标签的常见属性如表 2-1 所示。

表 2-1　<table>标签的常见属性

属性	值	描述
align	left center right	规定表格相对于周围元素的对齐方式（建议使用样式代替）
bgcolor	rgb_number hex_number colorname	规定表格的背景颜色（建议使用样式代替）
border	pixels	规定表格边框的宽度
cellpadding	pixels %	规定单元格边沿与其内容之间的空白距离
cellspacing	pixels %	规定单元格之间的空白距离

我们可以根据上述表格属性对表格进行一些样式美化，例如，对书籍销售表格的样式进行美化，设置其边框宽度为 2px，整体宽度为 600px，围绕表格的边框可见，并设置表格相对于周围元素居中对齐，背景颜色值为"#e9ebf5"，单元格之间的空白距离为 0px。

```
    <table border="2" width="600px" frame="box" align="center" bgcolor="#e9ebf5"
cellspacing="0" >
        .......
    </table>
```

运行以上代码后，浏览器的显示效果如图 2-5 所示。

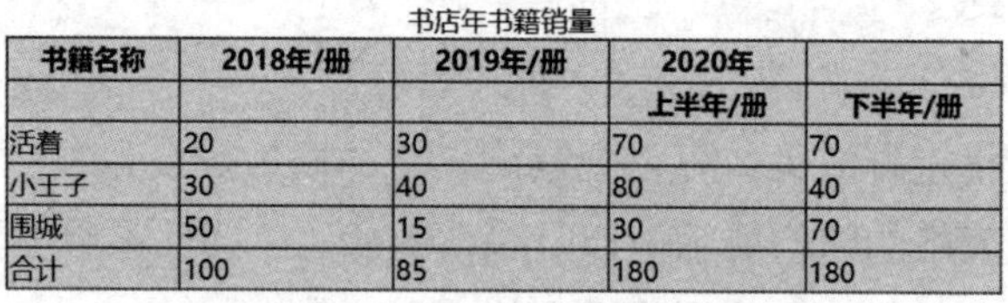
书店年书籍销量

书籍名称	2018年/册	2019年/册	2020年	
			上半年/册	下半年/册
活着	20	30	70	70
小王子	30	40	80	40
围城	50	15	30	70
合计	100	85	180	180

图 2-5　书籍销量表格样式美化效果

2．<tr>标签的常见属性

<tr>标签的常见属性如表 2-2 所示，可用于表格行的样式美化。

表 2-2　<tr>标签的常见属性

属性	值	描述
align	right left center justify char	定义表格行的内容对齐方式

属性	值	描述
bgcolor	rgb_number Hex_number colorname	规定表格行的背景颜色（建议使用样式代替）
valign	top middle bottom baseline	规定表格行中内容的垂直对齐方式

例如，将书籍销量表格设置为每行文字居中对齐，并将表头背景颜色值设置为"#4472c4"：

```
<table border="2" width="600px" frame="box" align="center" bgcolor="#e9ebf5"
cellspacing="0" >
            <caption>书店年书籍销量</caption>
            <!-- 表头 -->
            <thead>
                <tr bgcolor="#4472c4">
                    ......
                </tr>
                <tr bgcolor="#4472c4">
                    ......
                </tr>
            </thead>
            <!-- 表格主体 -->
            <tbody>
                <tr align="center">
                    ......
                </tr>
                <tr align="center">
                    ......
                </tr>
                <tr align="center">
                    ......
                </tr>
            </tbody>
            <!-- 表尾 -->
            <tfoot>
                <tr align="center">
                    ......
                </tr>
            </tfoot>
    </table>
```

运行以上代码后，浏览器的显示效果如图 2-6 所示。

书店年书籍销量				
书籍名称	2018年/册	2019年/册	2020年 上半年/册	下半年/册
活着	20	30	70	70
小王子	30	40	80	40
围城	50	15	30	70
合计	100	85	180	180

图 2-6　文字对齐方式与表头背景颜色设置效果

3．<td>和<th>标签的常见属性

<td>和<th>标签的常见属性如表 2-3 所示。

表 2-3　<td>和<th>标签的常见属性

属性	值	描述
align	left right center justify char	规定单元格内容的水平对齐方式
bgcolor	rgb_number Hex_number colorname	规定单元格的背景颜色（建议使用样式代替）
colspan	number	规定单元格可横跨的列数
nowrap	nowrap	规定单元格中的内容是否折行（建议使用样式代替）
rowspan	number	规定单元格可横跨的行数
valign	top middle bottom baseline	规定单元格内容的垂直对齐方式

例如，将书籍销量表格的主体首列背景颜色值设置为"#cfd5ea"，并将销量数据最低的单元格背景颜色设置为灰色，销量数据最高的单元格背景颜色设置为红色：

```
<table border="2" width="600px" frame="box" align="center" bgcolor="#e9ebf5"
cellspacing="0" >
        <caption>书店年书籍销量</caption>
        <!-- 表头 -->
        <thead>
            <tr bgcolor="#4472c4">
                <th>书籍名称</th>
                <th>2018 年/册</th>
                <th>2019 年/册</th>
                <th>2020 年</th>
                <th></th>
            </tr>
            <tr bgcolor="#4472c4">
```

```
            <th></th>
            <th></th>
            <th></th>
            <th>上半年/册</th>
            <th>下半年/册</th>
        </tr>
    </thead>
    <!-- 表格主体 -->
    <tbody>
        <tr align="center">
            <td bgcolor="#cfd5ea">活着</td>
            <td>20</td>
            <td>30</td>
            <td>70</td>
            <td>70</td>
        </tr>
        <tr align="center">
            <td bgcolor="#cfd5ea">小王子</td>
            <td>30</td>
            <td>40</td>
            <td bgcolor="red">80</td>
            <td>40</td>
        </tr>
        <tr align="center">
            <td bgcolor="#cfd5ea">围城</td>
            <td>50</td>
            <td bgcolor="#6c6f74">15</td>
            <td>30</td>
            <td>70</td>
        </tr>
    </tbody>
    <!-- 表尾 -->
    <tfoot>
        <tr align="center">
            <td bgcolor="#cfd5ea">合计</td>
            <td>100</td>
            <td>85</td>
            <td>180</td>
            <td>180</td>
        </tr>
    </tfoot>
</table>
```

运行以上代码后，浏览器的显示效果如图 2-7 所示。

书店年书籍销量				
书籍名称	2018年/册	2019年/册	2020年	
			上半年/册	下半年/册
活着	20	30	70	70
小王子	30	40	80	40
围城	50	15	30	70
合计	100	85	180	180

图 2-7　表格主体首列与单元格背景颜色设置效果

1.3　表格跨行列操作与嵌套

1. 表格跨列操作

colspan 属性用于规定单元格可横跨的列数。我们可以通过 colspan 属性将首行末尾的两个单元格合并，完成表格跨列操作，如图 2-8 所示。

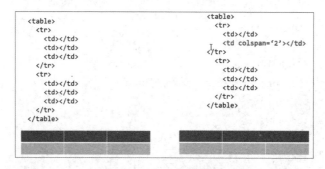

图 2-8　表格跨列操作

例如，将书籍销量表格的首行末尾的两个单元格合并（合并时注意删除空白单元格）：

```
<table border="2" width="600px" frame="box" align="center" bgcolor="#e9ebf5"
cellspacing="0" >
        <caption>书店年书籍销量</caption>
        <thead>
            <tr bgcolor="#4472c4">
            <th>书籍名称</th>
            <th>2018 年/册</th>
            <th>2019 年/册</th>
            <th colspan="2">2020 年</th>
        </tr>
        </thead>
        ......
</table>
```

运行以上代码后，浏览器的显示效果如图 2-9 所示。

2. 表格跨行操作

rowspan 属性用于规定单元格可横跨的行数。我们可以通过 rowspan 属性将首列前两个单元格合并，完成表格跨行操作，如图 2-10 所示。

书店年书籍销量				
书籍名称	2018年/册	2019年/册	2020年	
			上半年/册	下半年/册
活着	20	30	70	70
小王子	30	40	80	40
围城	50	15	30	70
合计	100	85	180	180

图 2-9　单元格跨列合并效果

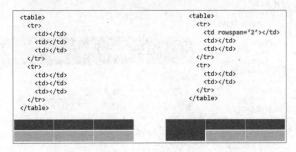

图 2-10　表格跨行操作

例如，将书籍销量表格的表头前三列进行上下行合并（合并时注意删除空白单元格）：

```
<table border="2" width="600px" frame="box" align="center" bgcolor="#e9ebf5"
cellspacing="0" >
        <caption>书店年书籍销量</caption>
        <thead>
            <tr bgcolor="#4472c4">
                <th rowspan="2">书籍名称</th>
                <th rowspan="2">2018 年/册</th>
                <th rowspan="2">2019 年/册</th>
                <th colspan="2">2020 年</th>
            </tr>
            <tr bgcolor="#4472c4">

                <th>上半年/册</th>
                <th>下半年/册</th>
            </tr>
        </thead>
</table>
```

运行以上代码后，浏览器的显示效果如图 2-11 所示。

书店年书籍销量				
书籍名称	2018年/册	2019年/册	2020年	
			上半年/册	下半年/册
活着	20	30	70	70
小王子	30	40	80	40
围城	50	15	30	70
合计	100	85	180	180

图 2-11　单元格跨行合并效果

3. 表格嵌套

表格嵌套，顾名思义就是将一个表格放置到另一个表格中。我们可以通过表格嵌套的方式，在表格第二列中嵌入另一个表格，如图 2-12 所示。

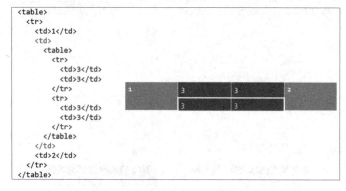

```
<table>
  <tr>
    <td>1</td>
    <td>
      <table>
        <tr>
          <td>3</td>
          <td>3</td>
        </tr>
        <tr>
          <td>3</td>
          <td>3</td>
        </tr>
      </table>
    </td>
    <td>2</td>
  </tr>
</table>
```

图 2-12　表格嵌套

【任务实施】

根据图 2-13 进行"巨巨网络科技有限公司年度业绩报表"页面的设计。

巨巨网络科技有限公司年度业绩报表

摘要		收入				利润/万元	利润率
		第一季度收入/万元	第二季度收入/万元	第三季度收入/万元	第四季度收入/万元		
收入	华东地区	1000	1020	1800	2000	2500	75%
	华南地区	900	800	1098	1000	2001	111%
	华西地区	500	480	400	700	1001	93%
	华北地区	800	700	780	800	1300	73%
利润合计		6802万元		平均利润率		88%	

2020年，本公司收入为14778万元，较2019年同比增长约12%；利润为6802万元，平均利润率为88%，较2019年同比增长约9.5%。

图 2-13　"巨巨网络科技有限公司年度业绩报表"页面效果

（1）在项目工程根目录的 html 文件夹中新建 statement.html 文件，修改 HTML 的<title>标签为"巨巨网络科技有限公司年度业绩报表"，并分别使用<img>和<h2>标签设计新闻栏图片和新闻标题，效果如图 2-14 所示。

```
<!DOCTYPE html>
<html lang="en">
<head>
    <meta charset="UTF-8">
    <meta http-equiv="X-UA-Compatible" content="IE=edge">
```

```
    <meta name="viewport" content="width=device-width, initial-scale=1.0">
    <title>巨巨网络科技有限公司年度业绩报表</title>
</head>
<body>
    <img src="../img/new_banner.jpg" alt="新闻栏" width="100%">
    <h2 align="center">巨巨网络科技有限公司年度业绩报表</h2>
</body>
</html>
```

图 2-14　新闻栏图片和新闻标题效果

（2）使用<table>标签定义表格，在表格中添加表头标签<thead>、主体标签<tbody>、表尾标签<tfoot>结构，并为表格添加样式，设置表格宽度为 800px，单元格之间的空白距离为 0，居中对齐，边框宽度为 1px。

```
<table width="800" cellspacing="0" align="center" border="1">
    <thead></thead>
    <tbody></tbody>
    <tfoot></tfoot>
</table>
```

（3）观察图 2-13 可知，表格最大列数为 8 列。这里需要特别注意，表格的列数定义应当以最大列数为准，所以表头应该由 2 行 8 列组成，表头标签<thead>中的单元格应使用<th>标签定义。之后使用 rowspan 和 colspan 属性对表格的表头进行跨行列操作，效果如图 2-15 所示。其中，"摘要"单元格是由跨 2 行 2 列的表格组成的。

```
<thead>
    <tr>
        <th rowspan="2" colspan="2">摘要</th>
        <th colspan="4">收入</th>
        <th rowspan="2">利润/万元</th>
        <th rowspan="2">利润率</th>
    </tr>
    <tr>
        <th>第一季度收入/万元</th>
        <th>第二季度收入/万元</th>
        <th>第三季度收入/万元</th>
        <th>第四季度收入/万元</th>
```

```
            </tr>
    </thead>
```

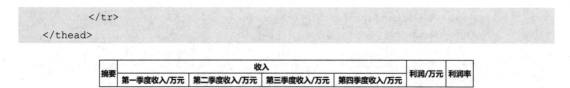

图 2-15　表头跨行列合并效果

（4）表格主体由 4 行 8 列组成，使用 rowspan 属性对首列的"收入"项进行跨行合并，效果如图 2-16 所示。

```
<tbody>
        <tr>
                <td rowspan="5">收入</td>
                <td>华东地区</td>
                <td>1000</td>
                <td>1020</td>
                <td>1800</td>
                <td>2000</td>
                <td>2500</td>
                <td>75%</td>
        </tr>
        <tr>
                <td>华南地区</td>
                <td>900</td>
                <td>800</td>
                <td>1098</td>
                <td>1000</td>
                <td>2001</td>
                <td>111%</td>
        </tr>
        <tr>

                <td>华西地区</td>
                <td>500</td>
                <td>480</td>
                <td>400</td>
                <td>700</td>
                <td>1001</td>
                <td>93%</td>
        </tr>
        <tr>
                <td>华北地区</td>
                <td>800</td>
                <td>700</td>
                <td>780</td>
```

```
                <td>800</td>
                <td>1300</td>
                <td>73%</td>
            </tr>
    </tbody>
```

摘要		收入				利润/万元	利润率
		第一季度收入/万元	第二季度收入/万元	第三季度收入/万元	第四季度收入/万元		
收入	华东地区	1000	1020	1800	2000	2500	75%
	华南地区	900	800	1098	1000	2001	111%
	华西地区	500	480	400	700	1001	93%
	华北地区	800	700	780	800	1300	73%

图 2-16　表格主体跨行合并效果

（5）根据图 2-13 布局表尾，并使用 colspan 属性进行跨列合并，效果如图 2-17 所示。

```
<tfoot>
    <tr>
            <td colspan="2">利润合计</td>
            <td colspan="2">6802 万元</td>
            <td colspan="2">平均利润率</td>
            <td colspan="2">88%</td>
    </tr>
</tfoot>
```

摘要		收入				利润/万元	利润率
		第一季度收入/万元	第二季度收入/万元	第三季度收入/万元	第四季度收入/万元		
收入	华东地区	1000	1020	1800	2000	2500	75%
	华南地区	900	800	1098	1000	2001	111%
	华西地区	500	480	400	700	1001	93%
	华北地区	800	700	780	800	1300	73%
利润合计		6802万元		平均利润率		88%	

图 2-17　表尾跨列合并效果

（6）设置表头背景颜色为"#4472c4"，表格主体单元格文字居中对齐，并隔行设置背景颜色值为"#d9e1f2"，效果如图 2-18 所示。

```
<table width="800" cellspacing="0" align="center" border="1">
    <thead bgcolor="#4472c4">
            <tr>
                    <th rowspan="2" colspan="2">摘要</th>
                    <th colspan="4">收入</th>

                    <th rowspan="2">利润/万元</th>
                    <th rowspan="2">利润率</th>
            </tr>
            <tr>
                    <th>第一季度收入/万元</th>
                    <th>第二季度收入/万元</th>
```

```
                <th>第三季度收入/万元</th>
                <th>第四季度收入/万元</th>
        </tr>
</thead>
<tbody>
        <tr align="center" bgcolor="#d9e1f2">
                <td rowspan="5">收入</td>
                <td>华东地区</td>
                <td>1000</td>
                <td>1020</td>
                <td>1800</td>
                <td>2000</td>
                <td>2500</td>
                <td>75%</td>
        </tr>
        <tr align="center">
                <td>华南地区</td>
                <td>900</td>
                <td>800</td>
                <td>1098</td>
                <td>1000</td>
                <td>2001</td>
                <td>111%</td>
        </tr>
        <tr align="center" bgcolor="#d9e1f2">
                <td>华西地区</td>
                <td>500</td>
                <td>480</td>
                <td>400</td>
                <td>700</td>
                <td>1001</td>
                <td>93%</td>
        </tr>
        <tr align="center">
                <td>华北地区</td>
                <td>800</td>
                <td>700</td>
                <td>780</td>
                <td>800</td>
                <td>1300</td>
                <td>73%</td>
        </tr>
</tbody>
```

```
        <tfoot>
            <tr align="center" bgcolor="#d9e1f2">
                <td colspan="2">利润合计</td>
                <td colspan="2">6802 万元</td>
                <td colspan="2">平均利润率</td>
                <td colspan="2">88%</td>
            </tr>
        </tfoot>
    </table>
```

摘要		收入				利润/万元	利润率
		第一季度收入/万元	第二季度收入/万元	第三季度收入/万元	第四季度收入/万元		
收入	华东地区	1000	1020	1800	2000	2500	75%
	华南地区	900	800	1098	1000	2001	111%
	华西地区	500	480	400	700	1001	93%
	华北地区	800	700	780	800	1300	73%
利润合计		6802万元			平均利润率	88%	

图 2-18　表格样式设置效果

（7）在页面底部使用<p>标签补充文本段落。

```
    <p>2020 年，本公司收入为 14778 万元，较 2019 年同比增长约 12%；利润为 6802 万元，平均利润率为
88%，较 2019 年同比增长约 9.5%。</p>
```

（8）在 newsList.html 文件中将链接地址指向 statement.html 页面。

```
<dd>
  <a href="statement.html" target="_blank">巨巨网络科技有限公司年度财报</a>
</dd>
```

【任务拓展】

请在本任务的基础上补充设计年度支出表格，效果如图 2-19 所示。

摘要		第一季度支出/万元	第二季度支出/万元	第三季度支出/万元	第四季度支出/万元	总支出/万元
支出	华东地区	300	420	180	200	1100
	华南地区	100	180	108	100	488
	华西地区	130	148	90	70	438
	华北地区	80	70	128	90	368
支出合计		2394万元				

图 2-19　年度支出表格效果

【练习与思考】

1. 单选题

（1）以下关于表格的描述中错误的是（　　）。

A．表格由<table>标签定义　　　　　　B．表格行由<tr>标签定义

C．表格的单元格由<td>标签定义　　　　D．表格列由<th>标签定义

（2）以下关于表格结构的描述中错误的是（　　　）。

A．<th>标签用于定义表格内的表头单元格

B．<caption>标签用于展示一个表格的标题，常常在<table>标签外使用

C．<tbody>用于放置表格的主体数据内容

D．<tfoot>用于放置表格的表尾

（3）现有一个表格，代码如下所示。现在需要将该表格第一行的 3 个单元格进行跨列合并操作，能够实现该效果的是（　　　）。

```
<tr>
  <td></td>
  <td></td>
  <td></td>
</tr>
```

A．<tr> <td colspan="1"></td> </tr>　　　B．<tr> <td colspan="3"></td> </tr>

C．<tr> <td rowspan="1"></td> </tr>　　　D．<tr> <td rowspan="3"></td> </tr>

2．多选题

（1）以下说法中正确的是（　　　）。

A．colspan 属性用于规定单元格可横跨的列数

B．rowspan 属性用于规定单元格可横跨的行数

C．在<table>标签内部不允许再嵌套<table>标签

D．在<td>标签内部还可以继续布局其他表格标签

（2）关于结构化表格，以下说法中正确的是（　　　）。

A．结构化表格并不会改变表格的结构展示

B．在使用结构化表格时，浏览器会根据模块进行表格的加载和展示，而不用将表格全部加载完成后再进行展示

C．当网络速度较慢或表格数据较多时，结构化表格能改善网页加载速度

D．结构化表格会根据表头、主体、表尾的顺序进行展示，而不会根据 HTML 代码的位置进行顺序展示

（3）关于表格跨行列操作，以下说法中正确的是（　　　）。

A．<td colspan="2"></td>表示表格单元格横跨两列操作

B．<td colspan="2"></td>表示表格单元格横跨两行操作

C．<td rowspan="2"></td>表示表格单元格横跨两列操作

D．<td rowspan="2"></td>表示表格单元格横跨两行操作

3．判断题

（1）<table border="2">可用于设置表格边框宽度为 2px。　　　　　　　　　　（　　　）

（2）<td bgcolor="red"></td>可用于设置表格边框颜色为红色。　　　　　　　（　　　）

（3）表格的表头标签<thead>、主体标签<tbody>、表尾标签<tfoot>可以不按先后顺序书写。　　　　　　　　　　　　　　　　　　　　　　　　　　　　　　　　　　（　　　）

模块 3
新闻中心模块样式美化

本模块主要介绍 CSS 使用基础，以及 CSS 选择器和样式属性的使用方法，并正确引用 CSS 样式对文本样式进行美化。

 知识目标

认识 CSS，掌握 CSS 样式的引用方式；
掌握 CSS 选择器的使用方法；
掌握 CSS 样式属性的使用方法。

模块 3 微课

 技能目标

能够在 HTML 中正确引用 CSS 样式；
能够正确使用 CSS 选择器；
熟悉常用文本样式。

 项目背景

在网页开发中，为了让用户更好地浏览页面信息，需要通过 CSS 样式对内容进行布局和美化。之前的内容和样式在页面上的分布是交错结合的，对其进行查看与修改很不方便，而现在把内容结构和样式控制分离，HTML 负责内容构成，CSS 样式负责实现所有页面样式控制。本模块将使用 CSS 样式对新闻中心模块的样式进行美化。

 **任务规划**

本模块将美化巨巨网络科技有限公司官网新闻中心模块的样式，需要读者对 CSS 样式、CSS 选择器和 CSS 样式属性等知识有所掌握。本模块包括 3 个子任务，通过子任务的实施，逐步完成新闻中心模块的样式美化工作。

任务 1　新闻详情页的外部样式表配置

【任务概述】

本任务通过介绍 CSS 使用基础，帮助读者掌握 CSS 样式的正确引用方式，并为新闻详情页引入外部样式表。

【知识准备】

CSS 使用基础

CSS（Cascading Style Sheets，层叠样式表）是一种能为网页设置样式的计算机语言。它能为网页设置字体样式、颜色、背景，甚至华丽的动画与 3D 效果。CSS 不仅可以静态地修饰网页，还可以配合各种脚本语言动态地对网页中的各元素进行格式化。

1. CSS 规则

CSS 规则由选择器和声明块组成，如图 3-1 所示。

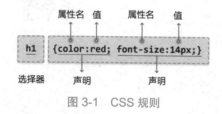

图 3-1　CSS 规则

其中，选择器指向需要设置样式的 HTML 元素。声明块包含一条或多条用分号分隔的声明，声明块由{}包裹。每条声明都包含一个 CSS 属性名和一个值，并用冒号分隔。多条 CSS 声明用分号分隔。

CSS 的注释使用符号"/*　*/"。例如：

```
h1{
    /* h1 的文字颜色为红色 */
    color:red
}
```

2. CSS 样式引用方式

（1）行内样式。

行内样式就是直接把 CSS 代码添加到 HTML 标签中，即作为 HTML 标签的属性标签存在的引用方式。使用这种方式可以很简单地对某个元素单独定义样式。需要注意的是，行内样式仅作用于该元素本身。例如：

```
<p style="font-size: 14px;">标题一</p>
<p style="font-size: 18px;">标题二</p>
```

运行以上代码后，浏览器的显示效果如图 3-2 所示。

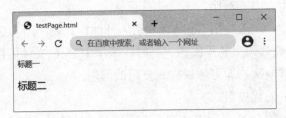

图 3-2　行内样式效果

（2）内部样式。

内部样式就是把样式写在<head>标签中，并用<style>标签进行声明的引用方式。内部样式可以被本页面中的多个标签引用。例如：

```
<!DOCTYPE html>
    <html lang="en">
    <head>
        <meta charset="UTF-8">
        <title>内部样式</title>
        <style type="text/css">
            div{font-size: 24px;}
        </style>
    </head>
    <body>
        <div>内部样式</div>
    </body>
    </html>
```

type 属性用于指定<style>标签之间的内容值类型。"text/css"表示内容是标准的 CSS 样式。

（3）外部样式表。

如果 CSS 样式被放置在网页文件外部的文件中，则将其称为外部样式表。外部样式表文件的后缀名为.css，可以被多个 HTML 文件使用。外部样式表的引入方式如下。

① 使用<link>标签引入。

外部样式表可以通过<link>标签在头文件中引入。例如：

```
<link rel="stylesheet" href="style.css" type="text/css">
```

其中，rel 属性用于规定当前文件与被链接文件之间的关系，rel="stylesheet"表示关联文件为外部样式表文件。href 属性规定的超链接目标地址建议使用相对路径。

② 使用@import 关键字引入。

外部样式表还可以通过在头文件的<style>标签中使用@import 关键字引入。例如：

```
<style type="text/css"> @import url("style.css"); </style>
```

或者简写为：

```
<style type="text/css"> @import "style.css"; </style>
```

（4）外部样式表引入方式对比。

在实际开发过程中，一般使用<link>标签引入外部样式表。因为这种方式可以将 CSS 和 HTML 代码分离，使代码更易于阅读。同时，多个 HTML 文件可以使用同一个外部样式表文件，且只需下载一次，即可解决样式复用的问题。

（5）CSS 引用方式的优先级。

如果页面中存在多种 CSS 引用方式，那么最终样式由谁决定呢？

一般而言，当页面中存在多种 CSS 引用方式时，行内样式的优先级最高。

如果页面中仅有内部样式、使用<link>标签引入的外部样式表和使用@import 关键字引入的外部样式表，则后声明的优先级更高（就近原则）。

【任务实施】

（1）在项目工程根目录的 css 文件夹中新建 news.css 文件。

（2）在 news.html 页面的头文件中引入该外部样式表。

```
<link rel="stylesheet" href="../css/news.css" type="text/css">
```

注意，正确书写外部样式表的相对路径。如何快速检查外部样式表是否被正确引入呢？我们可以在浏览器中预览 news.html 页面，并按快捷键"F12"打开开发者工具窗口。检查"控制台"窗口中是否有错误提示。如果出现 ERR_FILE_NOT_FOUND 的报错信息，则说明引用路径书写错误，如图 3-3 所示。

图 3-3 路径书写错误提示

【任务拓展】

请使用内部样式对以上任务进行重写。

任务2 新闻详情页的样式美化

【任务概述】

本任务介绍 CSS 选择器、CSS 三大特性、CSS 命名规则、CSS 文字样式属性和 CSS 文本样式属性，使读者掌握 CSS 文本修饰的方法，并对新闻详情页进行样式美化。

【知识准备】

在 CSS 中，选择器用于指定网页上需要美化样式的 HTML 元素。下面介绍 CSS 选择器的基础使用方法。

2.1　CSS 基本选择器

1. 标签选择器

标签选择器以网页标签作为选择器。例如，选择所有<p>标签，设置其文字大小为 32px。

```
<style>
p{font-size: 32px;}
</style>
<p>段落文本一</p>
<p>段落文本二</p>
<p>段落文本三</p>
<p>段落文本四</p>
```

2. 类选择器

类选择器主要用于选择一些引用了相同样式的元素，使用时需要设置具体的文档标记，以便类选择器正常工作。其具体使用方法如下。

为标签添加 class 属性，class 属性值为类名。

```
<p class="text">文本样式</p>
```

在外部样式表或内部样式中通过“.类名”的方式进行样式绑定。

```
.text{font-size: 32px;color: pink;}
```

3. id 选择器

id 选择器的使用方法和类选择器一致，需要注意的是，标签的 id 属性值具有唯一性。使用 id 选择器时需要先设置 id 属性值，再通过“#id 名”的方式进行样式绑定。例如：

```
<style>
    #text{font-size:32px;color:red;}
</style>
<p id="text">文本样式</p>
```

使用 id 选择器需要注意以下几点。

● id 名是唯一的，不允许在同一个文件中存在相同的 id 名。

● id 选择器不能组合使用，否则该标签中设置的所有样式都将失效。例如：

```
<style>
    #text{font-size:32px;}
    #red{color:red;}
</style>
<p class="text red">文本样式</p>
```

● id 选择器和类选择器的名称区分大小写。

4. 群组选择器

群组选择器也叫并集选择器，是由多个选择器通过逗号连接在一起的。群组选择器的成员可以是标签选择器、类选择器或 id 选择器等。群组选择器能够同时对多个选择器应用同一种样式。例如，将下列元素的文字统一设置为斜体样式：

```
<style>
    h4,p,.italic,#italic{font-style: italic;}
</style>
<h4>标题标签</h4>
<p>段落标签</p>
<div class="italic">块级元素</div>
<span id="italic">行内元素</span>
```

运行以上代码后，浏览器的显示效果如图 3-4 所示。

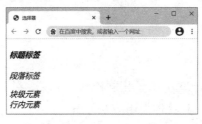

图 3-4　群组选择器使用效果

5. 全局选择器

全局选择器可以将所有标签设置为使用同一种样式。例如，设置页面中所有元素的文字颜色为红色：

```
*{ color:red }
```

2.2　CSS 层级选择器

1. 后代选择器

在 HTML 中，被包裹元素是包裹元素的后代元素，包裹元素是被包裹元素的祖先元素。例如：

```
<div>
    <p class="p">
        <span>你好</span>
    </p>
</div>
```

div 元素是 p 元素的父元素，p 元素是 div 元素的子元素。

p 元素是 span 元素的父元素，span 元素是 p 元素的子元素。

div 元素是 p 元素和 span 元素的祖先元素，p 元素和 span 元素是 div 元素的后代元素。

在使用后代选择器时，两个选择器之间使用空格隔开，例如，以下代码表示选择 div

元素的所有 span 后代元素，并设置文字大小为 30px、颜色为紫色：

```
<style>
    div span{
        font-size: 30px;
        color: purple;
    }
</style>
<div>
    <p class="p">
        <span>你好</span>
    </p>
</div>
```

后代选择器有一个容易被忽视的问题，即两个元素之间的层次间隔可以是无限的。例如，当使用"div span"时，这个语法会从 div 元素下选择所有的 span 元素，不论 span 元素的嵌套层次有多深。

2. 子元素选择器

如果不希望选择任何后代元素，而是缩小范围，只选择某个元素的子元素，则可以使用子元素选择器，且使用子元素选择器时，两个选择器之间需要添加">"符号。例如，将第一行中 h1 元素下的 strong 子元素的背景颜色设置为红色，可以这样写：

```
<style>
    h1>strong {background: red;}
</style>
<h1>
    这是<strong>强调</strong>标签，
</h1>
<h1>
    这是
        <em>
            <strong>强调</strong>
        </em>
    标签
</h1>
```

只有第一行中 h1 元素下的 strong 子元素的背景颜色被设置为红色，而第二行中 h1 元素下的 strong 子元素并未受影响，如图 3-5 所示。

图 3-5　子元素选择器使用效果

需要注意的是，子元素选择器符号两边可以有空格，因此以下写法都没有问题：

```
<style>
    h1 > strong{}
    h1 > strong{}
    h1> strong{}
    h1>strong{}
</style>
```

3. 伪类选择器

伪类选择器主要用于定义特殊状态下的样式，且该样式只有在用户和网站发生交互时才能体现出来，如表 3-1 所示。

表 3-1　伪类选择器及其描述

伪类选择器	描述
:link	用于选取未被访问的链接
:visited	用于选取已访问的链接
:hover	用于选取鼠标指针浮动在上面的元素
:active	用于选取激活的链接

例如：

```
<style>
    a:link {
    color: pink;            /* 文字链接默认为粉色 */
    }
    a:visited{
    color: red;             /* 文字链接被访问后变为红色 */
    }
    a:hover{
    color: green;           /* 鼠标指针移动到链接文字上变为绿色 */
    }
    a:active{
    color: blue;            /* 鼠标单击时链接文字为蓝色 */
    }
</style>

<a href="https://www.baidu.com/">跳转至百度</a><br>
<input type="text">
```

注意：在 CSS 定义中，a:hover 被放置在 a:link 和 a:visited 之后才是有效的。a:active 被放置在 a:hover 之后才是有效的。伪类选择器的名称不区分大小写。

2.3　CSS 三大特性

1. 继承性

CSS 的继承性是指它不仅允许样式被应用于特定的 HTML 元素，而且允许样式被应用于其后代元素。合理使用继承性可以有效减少 CSS 代码的书写。

注意，不是所有属性都可以继承，常见的可继承属性如下。

- 文字系列属性，如 font、font-family、font-size、font-style、font-weight 等。
- 文本系列属性，如 text-align、line-height、color、text-indent 等。
- 元素可见性 visibility。
- 表格布局属性，如 border-collapse、border-spacing 等。
- 列表属性，如 list-style-image、list-style-position、list-style 等。
- 光标属性 cursor。

常见的不可继承属性如下。

- display 属性。
- 部分文本属性，如 vertical-align、text-decoration、text-shadow 等。
- 盒模型属性，如 width、height、margin、border、padding 等。
- 背景属性，如 background、background-position、background-attachment 等。
- 定位属性，如 float、clear、position、overflow、z-index 等。
- 生成内容属性，如 content、counter-reset、counter-increment 等。
- 轮廓样式属性，如 outline-style、outline-width、outline-color、outline 等。

例如，当我们为 div 元素设置文字大小为 40px 时，该文字属性将被其子元素 p 继承。

```
<style>
    div {
        font-size: 40px;
        color: red
    }
</style>
<div>
    <p>您好</p>
</div>
```

2. 层叠性

层叠性是 CSS 的一个基本特征，是指多个 CSS 样式的叠加。CSS 的层叠性是如何体现的呢？我们通过以下两个案例进行说明。

【案例一】

元素层叠样式无冲突：

```
<style>
    .weight {
```

```
        font-weight: bolder;
    }
    .italic {
        font-style: italic;
    }
</style>

<p class="weight italic">CSS 层叠性</p>
```

在以上代码中，元素层叠样式并无冲突，两个选择器中的样式都层叠到了 p 元素中，最终呈现了加粗、斜体的段落文本效果，如图 3-6 所示。

CSS层叠性

图 3-6　样式层叠效果

【案例二】

元素层叠样式存在冲突：

```
<style>
    .weight {
        font-weight: bolder;
    }

    .lighter {
        font-weight: lighter;
    }
</style>

<p class="weight lighter">CSS 层叠性</p>
```

在以上代码中，同级别的样式代码存在冲突，两个选择器均定义了 font-weight 属性，则以 CSS 代码中最后定义的样式为准，p 元素最终呈现为细体样式，效果如图 3-7 所示。

CSS层叠性

图 3-7　样式覆盖效果

3. 优先级

所谓优先级，是指 CSS 样式在浏览器中被解析的先后顺序。当 HTML 元素中的多条 CSS 规则存在样式冲突时，将由优先级最高的规则决定元素样式。例如：

```
<style>
    .weight {
        font-weight: bolder;
    }
```

```
    p {
        font-weight: lighter;
    }
</style>
<p class="weight">优先级</p>
```

运行以上代码后，浏览器的显示效果如图 3-8 所示。

CSS层叠性

图 3-8　样式优先级显示效果

在以上代码中，虽然在 CSS 代码的末尾声明了"font-weight: lighter"，但是文本最终呈现的却是粗体的样式，这是什么原因引起的呢？这种现象主要是由 CSS 的优先级引起的。在之前的任务中，我们学习了 CSS 引用方式的优先级，现在我们一起来认识一下在同一个样式表中，优先级规则是如何定义的。首先我们需要引入一个概念——权值（权重）。在 CSS 中，每种选择器都具有相应的权值，具体情况如表 3-2 所示。

表 3-2　CSS 中的选择器及其权值

选择器	权值
通配符选择器（*）	0
标签选择器	1
类选择器、伪类选择器	10
id 选择器	100
行内样式	1000

如果各选择器的权值相同，则使用就近原则，即离被设置元素越近优先级越高；如果各选择器的权值不同，则权值高的选择器优先级较高。

例如，在上一个案例中，类选择器（.weight{}）的权值为 10，标签选择器（p{}）的权值为 1，所以最终<p>标签呈现的是类选择器中定义的样式。

现在我们来看一些复杂的计算规则。

（1）复合选择器权值计算规则。

在复合选择器中，如"div > .red"或"div p"，是如何计算权值的呢？我们可以使用如下公式：

$$总权值 = A \times N + B \times M$$

其中，A、B 代表不同类型的选择器的权值，N、M 代表各选择器的数量。例如：

```
<style>
    .title p {
        font-weight: bolder;
        font-style: italic;
    }
```

HTML5+CSS3+JavaScript 网页开发实战

```
    div p {
        font-weight: lighter;
        font-style: normal;
    }
</style>


  <div class="title">
    <p class="content">CSS 优先级</p>
  </div>
```

CSS优先级

图 3-9 复合选择器权值
计算规则效果

运行以上代码后，浏览器的显示效果如图 3-9 所示。

根据公式计算，".title p" 的权值为 10×1+1×1=11，"div p" 的权值为 1×1+1×1=2，所以虽然 ".title p" 声明的位置距离 HTML 元素较远，但其权值较大，优先级较高，最终呈现的样式依然以它为准。

（2）!important 规则。

!important 是 CSS 的一个规则，其优先级最高，将覆盖任何其他声明。例如：

```
<style>
    p{font-style: italic !important;  }
</style>


<div class="title">
    <p style="font-style: normal;">  !important 优先级最高  </p>
</div>
```

运行以上代码后，浏览器的显示效果如图 3-10 所示。

!important优先级最高

图 3-10 !important 规则效果

我们发现，虽然<p>标签使用了行内样式，但是最终呈现的效果依然由标签选择器决定，这是因为!important 覆盖了其他声明。

【注意】

频繁使用!important 是一个不好的习惯，因为!important 优先级最高，将覆盖任何其他声明，而这破坏了样式表中固有的优先级规则，使调试变得更加困难。

2.4 CSS 命名规则

为了便于团队开发，在对 CSS 的样式命名时，建议大家遵循一些约定俗成的规则。

- 采用英文字母、数字，以及符号 "-" 和 "_" 进行命名。
- 以小写字母开头，不以数字或符号 "-" "_" 开头。

· 56 ·

● 使用具有一定意义的单词。对于多单词组合，可以使用连字符、下画线连接，或者使用驼峰命名法。

2.5　CSS 文字样式属性

合理的文字与文本样式设置，可以让网页更加美观。CSS 文字与文本样式属性可用于设置文字的大小、字体、粗细，以及文本的间距、对齐方式、行间距等内容。下面我们一起来了解一下 CSS 的文字与文本样式属性。

1．font-size

该属性用于指定文字的大小。当不设置该属性时，文字大小为浏览器默认值。一般而言，浏览器默认的文字大小为 16px。需要注意的是，不同浏览器有不同的最小字号限制，例如，Google Chrome 的最小字号为 12px，当 font-size 属性的值低于 12px 时，浏览器依然按照 12px 的字号来显示文字。

2．font-family

该属性允许用户为页面上的文字指定一个由@font-fac 规则定义的字体族。font-family属性的值可以是单个或多个字体，当其值是多个字体时，须用英文逗号隔开这些字体，并将含有空格或中文的字体名用引号引起来。如果浏览器不支持指定的第一个字体，则尝试使用下一个字体。

例如，设置 p 元素的字体：

```
<style>
    p{font-family: 'microsoft yahei', Courier, '宋体';}
</style>
<div>
    <p>您好</p>
</div>
```

3．font-weight

该属性用于指定文字的粗细，其取值如表 3-3 所示。

表 3-3　font-weight 属性的取值

值	描述
normal	默认值，定义标准粗细的字符
bold	定义粗体字符
bolder	定义更粗的字符
lighter	定义更细的字符
100～900	定义由细到粗的字符。其中，400 等同于 normal，700 等同于 bold
inherit	从父元素继承 font-weight 属性的值

需要注意的是，部分字体只能使用 normal 和 bold 两种值。

4．font-style

该属性用于指定文字的字体样式，其取值如表 3-4 所示。

表 3-4　font-style 属性的取值

值	描述
normal	默认值。浏览器会显示一个标准的字体样式
italic	浏览器会显示一个斜体的字体样式
oblique	浏览器会显示一个倾斜的字体样式
inherit	从父元素继承 font-style 属性的值

italic 和 oblique 的区别如下。

- italic 用于设置字体样式，如果该字体没有斜体样式，则该属性无效。
- oblique 用于针对文字本身设置倾斜效果，即使该字体不具有斜体样式，也能产生文字倾斜效果。

5．font-variant

该属性能够将小写字母转换为大写字母，但与其他未使用该属性的文字相比，使用该属性的文字的字体尺寸更小。该属性的取值如表 3-5 所示。

表 3-5　font-variant 属性的取值

值	描述
normal	默认值。浏览器会显示一个标准的字体样式
small-caps	浏览器会显示小型大写字母的字体
inherit	从父元素继承 font-variant 属性的值

6．font

font 属性可以作为 font-style 属性、font-variant 属性、font-weight 属性、font-size 属性和 font-family 属性的简写，或者将元素的字体设置为系统字体。在使用该属性时，请注意前 3 个属性的顺序可以任意调换，但是 font-family 属性必须在 font-size 属性后面，且需要同时设置 font-size 属性和 font-family 属性，该属性才能起作用。

示例：

```
p { font: bold italic small-caps 30px "黑体"}
```

2.6　CSS 文本样式属性

1．text-align

该属性用于定义元素中文本的水平对齐方式，其取值如表 3-6 所示。

表 3-6　text-align 属性的取值

值	描述
left	文本居左对齐。默认值由浏览器决定
right	文本居右对齐
center	文本居中对齐
justify	文本两端对齐
inherit	从父元素继承 text-align 属性的值

需要注意的是，justify 值对换行后的末行文本无效（如果仅有一行文本，该值也无效）。

2．text-align-last

该属性描述的是一段文本中最后一行在被强制换行之前的对齐规则，其取值如表 3-7 所示。

表 3-7　text-align-last 属性的取值

值	描述
auto	默认值。最后一行被调整，并向左对齐
left	最后一行向左对齐
right	最后一行向右对齐
center	最后一行居中对齐
justify	最后一行两端对齐
start	最后一行在行开头对齐（如果 text-direction 是从左到右的，则向左对齐；如果 text-direction 是从右到左的，则向右对齐）
end	最后一行在行末尾对齐（如果 text-direction 是从左到右的，则向右对齐；如果 text-direction 是从右到左的，则向左对齐）

3．line-height

该属性用于设置行间距（行高），其取值如表 3-8 所示。

表 3-8　line-height 属性的取值

值	描述
normal	默认值。设置合理的行间距
数字	无单位数字。将该数字与当前的文字大小相乘的结果作为行间距，这是设置 line-height 的推荐方法
长度	设置固定的行间距，如 50px
百分比	基于当前文字大小的百分比设置行间距。如果当前元素没有设置文字大小，将基于父元素的文字大小来计算
inherit	从父元素继承 line-height 属性的值

4．vertical-align

该属性用于指定行内元素或表格中单元格元素的垂直对齐方式，其取值如表 3-9 所示。

表 3-9　vertical-align 属性的取值

值	描述
baseline	默认值。将元素放置在父元素的基线上
sub	使元素的基线与父元素的下标基线对齐
super	使元素的基线与父元素的上标基线对齐
top	使元素及其后代元素的顶部与整行的顶部对齐
text-top	使元素的顶部与父元素的文字顶部对齐
middle	使元素的中部与父元素的基线加上父元素 x-height（x 字母高度）的一半对齐
bottom	使元素及其后代元素的底部与整行的底部对齐
text-bottom	使元素的底部与父元素的文字底部对齐
长度值	使元素的基线对齐到父元素的基线之上的给定长度值。可以是负数
百分比	使元素的基线对齐到父元素的基线之上的给定百分比，该百分比是 line-height 属性的百分比。可以是负数
inherit	从父元素继承 vertical-align 属性的值

5. word-spacing

该属性用于增加或减少单词间距，其取值如表 3-10 所示。

表 3-10　word-spacing 属性的取值

值	描述
normal	默认值。定义单词间的标准空间
length	定义单词间的固定空间
inherit	从父元素继承 word-spacing 属性的值

将 word-spacing 属性的值设置为 normal 等同于将单词间距设置为 0。该属性允许指定负长度值，这会让单词之间更紧凑，设置效果如图 3-11 所示。

```
<p style="word-spacing: 30px;">This is some text</p>
<p style="word-spacing: -2px;">This is some text</p>
```

This　is　some　text

This is some text

图 3-11　word-spacing 属性设置效果

需要注意的是，当两个中文字符之间没有空格时，该属性不起作用。

6. letter-spacing

该属性用于增加或减少字符间距，其取值如表 3-11 所示。

表 3-11　letter-spacing 属性的取值

值	描述
normal	默认值。定义字符间的标准空间
length	定义字符间的固定空间
inherit	从父元素继承 letter-spacing 属性的值

将 letter-spacing 属性的值设置为 normal 等同于将字符间距设置为 0。该属性允许指定负长度值，这会让字符之间更紧凑，设置效果如图 3-12 所示。

```
<p style="letter-spacing:10px;">This is some text</p>
```

T h i s　i s　s o m e　t e x t

图 3-12　letter-spacing 属性设置效果

由此可见，letter-spacing 属性用于增加或减少字符间距，而 word-spacing 属性用于增加或减少单词间距。letter-spacing 属性对没有空格的中文字符有效，而 word-spacing 属性对没有空格的中文字符无效。

7. text-decoration

该属性用于设置文本的修饰线外观（如下画线、上画线、删除线或闪烁），可以作为 text-decoration-line 属性、text-decoration-color 属性、text-decoration-style 属性和 text-decoration-thickness 属性的简写，其取值如表 3-12 所示。

表 3-12　text-decoration 属性的取值

值	描述
none	默认。定义标准的文本
underline	定义文本下的一条线
overline	定义文本上的一条线
line-through	定义穿过文本的一条线
blink	定义闪烁的文本
inherit	从父元素继承 text-decoration 属性的值

8. text-shadow

该属性用于对文本设置阴影，其属性值是由逗号分隔的阴影列表，每个阴影由两个或三个长度值和一个可选的颜色值规定，阴影的默认长度值为 0。该属性的取值如表 3-13 所示。

表 3-13　text-shadow 属性的取值

值	描述
h-shadow	必需。水平阴影的位置。允许指定负值
v-shadow	必需。垂直阴影的位置。允许指定负值
blur	可选。模糊的距离
color	可选。阴影的颜色

示例：

```
<style>
    .box{text-shadow: 3px 3px 10px red;}
</style>
```

```
<div class="box">text-shadow 属性用于对文本设置阴影。</div>
```

运行以上代码后，浏览器的显示效果如图 3-13 所示。

<h3 style="text-align:center">text-shadow 属性用于对文本设置阴影。</h3>

图 3-13 text-shadow 属性设置效果

【任务实施】

在本任务中，我们学习了文字、文本的 CSS 样式属性，下面将结合所学内容对新闻详情页进行样式美化。

（1）在 news.css 文件中，通过标签选择器为网页内容指定字体、颜色和行间距。

```
body {
        color: #333;
        font-family: 'Microsoft yahei', '宋体', Arial;
        line-height: 1.5
    }
```

（2）在 HTML5 中，建议使用样式取代标题及段落元素中的 align 属性，为新闻标题和各段落标题指定样式名，并设置文本居中对齐，字符间距为 3px，对文本添加阴影效果。

news.html 文件：

```
<h2 class="title">
        <img src="../img/article_icon.png"  width="25">
        巨巨网络，资源特色
</h2>
......
<h4 class="title">引言</h4>
```

news.css 文件：

```
.title{
    text-align: center;
    letter-spacing: 3px;
    text-shadow: 1px 1px 0px #ececec;
    }
```

（3）由于段落新闻的锚链接存在默认样式，因此段落新闻的呈现效果不太美观，我们可以通过 CSS 样式属性对其进行美化。为段落新闻添加一个父容器，方便元素的管理，并通过标签选择器重置页面上所有超链接标签的默认样式，通过子元素选择器指定导航链接的伪类样式。

news.html 文件：

```
<div class="navLink">
        <a href="#section1">教学大纲、教学计划</a><br>
        <a href="#section2">实训题目</a><br>
        <a href="#section3">项目化案例</a><br>
```

```
        <a href="#section4">企业项目案例</a><br>
        <a href="#section5">指导视频</a><br>
        <a href="#section6">作业题目</a><br>
        <a href="#section7">教学 PPT</a><br>
        <a href="#section8">配套工具包</a><br>
    </div>
```

news.css 文件：

```
a {
    color: #333;
    text-decoration: none;
}


.navLink>a:hover {
    color: #38b774;
    font-weight: bold;
}
```

（4）为标题和段落新闻链接添加图标。在 img 文件夹中放置图标的图片，使用<img>标签加载图标，注意引用图标的相对路径。

```
<h2 class="title">
    <img src="../img/article_icon.png" width="25">
    巨巨网络，资源特色
</h2>
<div class="navLink">
    <a href="#section1"> <img src="../img/link_icon.png" width="12"> 教学大纲、教学
计划</a><br>
    <a href="#section2"><img src="../img/link_icon.png" width="12"> 实训题目
</a><br>
    <a href="#section3"><img src="../img/link_icon.png" width="12"> 项目化案例
</a><br>
    <a href="#section4"><img src="../img/link_icon.png" width="12"> 企业项目案例
</a><br>
    <a href="#section5"><img src="../img/link_icon.png" width="12"> 指导视频
</a><br>
    <a href="#section6"><img src="../img/link_icon.png" width="12"> 作业题目
</a><br>
    <a href="#section7"><img src="../img/link_icon.png" width="12"> 教学
PPT</a><br>
    <a href="#section8"><img src="../img/link_icon.png" width="12"> 配套工具包
</a><br>
    </div>
```

运行以上代码后，浏览器的显示效果如图 3-14 所示。

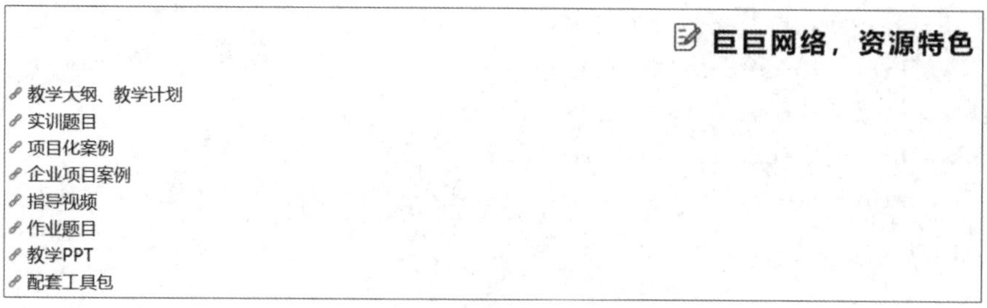

图 3-14　新闻详情页样式美化效果

此时，图标和文字在垂直方向上并未对齐，可以通过 vertical-align 属性设置图标和文字在垂直方向上对齐。要对多个元素指定同一种样式，可以使用并集选择器。

```
.navLink>img , .title>img{vertical-align: middle;}
```

【任务拓展】

在 statement.html 页面中完成如下内容。

- 引入外部样式表文件。
- 为表格标题添加图标，设置居中对齐。
- 设置表头文字的颜色为白色。
- 设置表格单元格在鼠标指针悬停时呈现绿色背景，白色文字。

具体效果如图 3-15 所示。

巨巨网络科技有限公司年度业绩报表

摘要		年度收入				利润	利润率
		第一季度	第二季度	第三季度	第四季度		
收入	华东地区	1000万元	1020万元	1800万元	2000万元	2500万元	75%
	华南地区	900万元	800万元	1098万元	1000万元	2001万元	111%
	华西地区	500万元	480万元	400万元	700万元	1001万元	93%
	华北地区	800万元	700万元	780万元	800万元	1300万元	73%
利润合计		6802万元		平均利润率		88%	

图 3-15　表格效果

任务 3　新闻列表页的样式美化

【任务概述】

本任务通过介绍 CSS 列表样式，帮助读者掌握列表标记的类型、替换图像和位置的处理方法，并利用该知识对新闻列表页进行样式美化。

【知识准备】

CSS 列表样式如下。

1．list-style-type

该属性可用于设置无序列表及有序列表的标记，其无序列表属性的取值和有序列表属性的取值分别如表 3-14 和表 3-15 所示。

表 3-14　list-style-type 无序列表属性的取值

值	描述
none	无标记
disc	默认值。标记为实心圆
circle	标记为空心圆
square	标记为实心方块
decimal	标记为数字

表 3-15　list-style-type 有序列表属性的取值

值	描述
none	无标记
decimal-leading-zero	0 开头的数字标记（如 01、02、03 等）
lower-roman	小写罗马数字（如 i、ii、iii 等）
upper-roman	大写罗马数字（如 I、II、III 等）
lower-alpha	小写英文字母（如 a、b、c 等）
upper-alpha	大写英文字母（如 A、B、C 等）
lower-greek	小写希腊字母（如 α、β、γ 等）
lower-latin	小写拉丁字母（如 a、b、c 等）
upper-latin	大写拉丁字母（如 A、B、C 等）

【注意】

在设置 list-style-type 属性时，建议将该属性设置于列表元素（ul 元素或 ol 元素）上。虽然将该属性设置于列表元素或列表项（li 元素）上，能实现同样的效果，但是将该属性设置于列表项上的方式，不符合 W3C 标准规范。

我们可以通过 Google Chrome 的调试工具（按快捷键"F12"可调出调试工具）进行分析，使用选择工具选中 li 元素，查看其样式可知，浏览器先将 ul 元素的 list-style-type 属性值修改为"square"，li 元素继承该属性值，如图 3-16 所示。

如果将 list-style-type 属性设置于 li 元素上，并使用选择工具选中 ul 元素，可以发现其 list-style-type 属性的值仍为"disc"，li 元素继承了父元素的属性值"disc"后，重新修改该属性值为"square"，这显然不符合 W3C 标准规范。所以，建议将该系列属性（list-style-type 属性、list-style-image 属性、list-style-position 属性和 list-style 属性）设置于列表元素上，如图 3-17 所示。

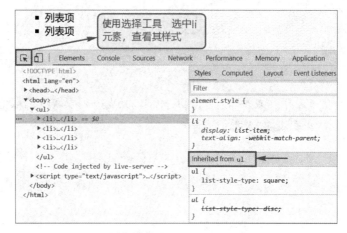

图 3-16　使用浏览器调试工具进行元素分析（1）

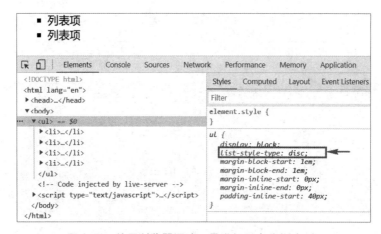

图 3-17　使用浏览器调试工具进行元素分析（2）

2．list-style-image

该属性可以使用图像来替换列表项的标记。list-style-image 属性的优先级高于 list-style-type 属性，如果设置了该属性，则 list-style-type 属性将不起作用。

3．list-style-position

该属性可用于指定列表标记在主体块中的位置，其取值如表 3-16 所示。

表 3-16　list-style-position 属性的取值

值	描述
inside	列表标记被放置在主体块内部，且环绕文本根据标记对齐
outside	默认值。列表标记被放置在主体块的外面
inherit	从父元素继承 list-style-position 属性的值

4．list-style

list-style 是一个属性集合的简写，其中包括 list-style-type 属性、list-style-image 属性和

list-style-position 属性。值与值用空格分隔，顺序不固定。需要注意的是，list-style-image 属性会覆盖 list-style-type 属性的设置。

示例代码如下：

```
<style>
    ul {
        width: 80px;
        list-style: square inside;
    }
</style>
<ul>
    <li>list-style 是一个属性集合的简写</li>
    <li>list-style 是一个属性集合的简写</li>
    <li>list-style 是一个属性集合的简写</li>
</ul>
```

运行以上代码后，浏览器的显示效果如图 3-18 所示。

- list-style是一个属性
集合的简写
- list-style是一个属性
集合的简写
- list-style是一个属性
集合的简写

图 3-18　list-style 属性设置效果

【任务实施】

在本任务中，我们将使用 CSS 列表样式对新闻列表页进行样式美化。

（1）在 newsList.html 页面的<link>标签中引入 news.css 文件。

```
<link rel="stylesheet" href="../css/news.css">
```

（2）为锚链接标签添加一个外层容器，便于内容管理，同时将其类名设置为"navLink"。

```
<div class="navLink">
    <a href="#juju_news">【巨巨新闻】</a>
    <a href="#home_news">【国内新闻】</a>
    <a href="#tec_news">【科技新闻】</a>
    <a href="#sports_news">【体育新闻】</a>
</div>>
```

（3）为新闻列表标签<dl>添加类名"newsList"，便于样式管理。

```
<dl class="newsList">
    ......
</dl>
```

（4）为分类新闻标题标签<dt>设置高度为 40px，文本垂直居中对齐，背景颜色值为"#ebebeb"，文字颜色值为"#38b774"。在此可以通过子元素选择器进行容器标签的选定。

```
.newsList>dt {
```

```
        background: #ebebeb;
        height: 40px;
        line-height: 40px;
        color: #38b774;
    }
```

（5）为新闻列表项标签<dd>添加样式，设置文本垂直居中对齐，具有宽度为 1px 的浅灰色下边框，超出行宽度的文本内容隐藏，并以省略号显示。

```
.newsList>dd{
        height: 48px;
        line-height: 48px;
        white-space: nowrap;
        overflow: hidden;
        text-overflow: ellipsis;
        border-bottom: 1px solid #ebebeb;
    }
```

（6）为新闻列表项标签<dd>添加伪类样式，在鼠标指针移入时呈现浅绿色背景，白色文字。

```
.newsList>dd:hover {
        color: white;
        background: #59d493;
    }
.newsList>dd:hover>a {
        color: white;
    }
```

运行以上代码后，浏览器的显示效果如图 3-19 所示。

图 3-19　新闻列表页美化效果

【任务拓展】

请根据以下设计，完成用户留言栏设计，效果如图 3-20 所示。

（底边框颜色值为"#efefef"，鼠标指针移入列表时背景颜色值为"#ddd"。）

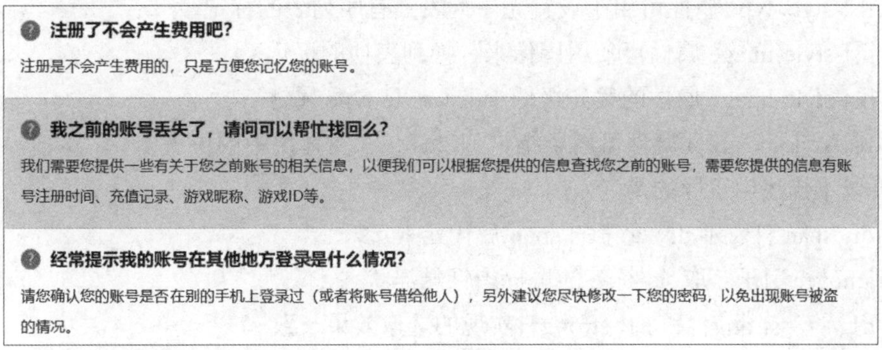

图 3-20 用户留言栏效果

【练习与思考】

1. 单选题

（1）（   ）是 CSS 中的注释格式。

A．// CSS 注释的内容

B．<!-- CSS 注释的内容 -->

C．/* CSS 注释的内容 */

D．# CSS 注释的内容

（2）关于 CSS 样式，以下说法中错误的是（   ）。

A．行内样式优先级高于内部样式

B．行内样式优先级高于外部样式表

C．<link>标签引入的外部样式表和@import 关键字引入的外部样式表，后声明的优先级更高

D．行内样式优先级始终高于内部样式

（3）以下代码的作用是（   ）。

```
h4,p,.fz{font-size: 18px;}
```

A．同时设置<h4>标签、<p>标签和类名为"fz"的标签文字大小为 18px

B．该设置仅对<h4>标签有效

C．设置<h4>标签、<p>标签或类名为"fz"的标签文字大小为 18px

D．该设置对类名为"fz"的标签无效

2. 多选题

（1）（   ）能够将<div id="a" class="b"></div>容器背景设置为红色。

A．#a{background-color: red;}

B．.b{background-color: red;}

C．div{background-color: red;}

D．*{background-color: red;}

（2）关于列表样式，以下说法中正确的是（　　　）。

A．list-style-type 属性可用于设置无序列表及有序列表的标记

B．list-style-image 属性可使用图像来替换列表项的标记

C．list-style-image 属性的优先级低于 list-style-type 属性

D．list-style-position 属性可用于指定列表标记在主体块中的位置

（3）以下描述中正确的是（　　　）。

A．div span {}表示 div 元素的 span 后代元素

B．a:hover 用于获取<a>标签的鼠标指针悬浮状态

C．h1　>　strong{}和 h1>strong{}实现的选取效果一致

D．*{ color:red }用于设置页面中所有元素的文字颜色为红色

3．判断题

（1）CSS 群组选择器也叫并集选择器，是由多个选择器通过逗号连接在一起的。

（　　　）

（2）id 选择器和类选择器对大小写不敏感。　　　　　　　　　　（　　　）

（3）line-height 属性常用于设置单行文本的垂直居中对齐。　　　（　　　）

模块 4

"加入我们" 页面设计

本模块主要介绍表单、表单元素和 CSS3 选择器，并通过表单、表单元素和 CSS3 选择器的使用进行"加入我们"页面设计。

 知识目标

掌握表单元素的使用方法；
掌握 CSS3 选择器的使用方法。

模块 4 微课

 技能目标

能够正确使用各种类型的表单元素；
能够合理使用 CSS3 选择器，进行复杂结构的页面元素选取和样式设计。

 项目背景

众所周知，在 Web 编程中，表单主要用于收集用户输入的数据。HTML5 在保留原有 HTML 表单控件、属性的基础上，扩展了表单和表单控件的功能。本模块将使用表单元素配合 CSS3 选择器进行"加入我们"页面的布局与样式设计。

 任务规划

本模块将完成"加入我们"页面的布局与样式设计。

任务 "加入我们"页面的布局与样式设计

【任务概述】

本任务通过讲解表单、不同类型的表单元素及 CSS3 选择器,帮助读者掌握各类表单元素的使用和 CSS3 中结构较为复杂的标签选择方式,并完成"加入我们"页面的布局与样式设计。

【知识准备】

1.1 表单

<form>表单表示文档中的一个区域,此区域包含交互控件,用于向 Web 服务器提交信息。<form>表单可以包含 input 元素,如文本域、复选框、单选按钮、按钮等。<form> 表单本身不可见,其常见属性如表 4-1 所示。

表 4-1 <form> 表单的常见属性

属性	值	描述
action	URL	处理表单提交的 URL
autocomplete	on off	规定是否启用表单的自动完成功能
method	get post	浏览器使用何种 HTTP 方式来提交表单
target	_blank _self _parent _top	规定在何处打开 action URL
enctype	application/x-www-form-urlencoded multipart/form-data text/plain	application/x-www-form-urlencoded:未指定属性时的默认值 multipart/form-data:当表单包含 type=file 的 input 元素时使用此值 text/plain:出现在 HTML5 中,用于调试

使用方法如下:

```
<form action="login.php" method="get" target="_self">
    <input type="text" name="username">
    <input type="password" name="password">
    <input type="submit">
</form>
```

对于 method 属性中 get 和 post 的区别,在 HTML 的学习中,大家仅需了解如下几点即可。

- 在使用 get 方式时，<form>表单中的数据集被附加到 action 属性所指定的 URL 地址后面提交，其生成的 URL 地址为 "login.php?username=zhangsan&password=123"。
- 在使用 post 方式时，<form>表单中的数据集被包装在请求的 body 中发送，其生成的 URL 地址为 "login.php"。如果使用 get 方式提交<form>表单中的用户名和密码，显然是不安全的，因为用户名和密码将出现在 URL 地址上。在对安全性有要求的情况下，应该使用 post 方式提交。
- 浏览器对 URL 地址的长度是有限制的，所以在需要提交长文本内容的情况下，应该使用 post 方式。

1.2 表单元素

input 元素用于为基于 Web 的表单创建交互式控件，以便接收来自用户的数据。input 元素根据不同的 type 属性值，可以呈现为文本域、复选框、单选按钮、按钮等。

1. text 类型

<input type="text">用于创建基础的单行文本域。text 类型常用属性如表 4-2 所示。

表 4-2　text 类型常用属性

属性	描述
name	文本域的名称
value	该属性是一个包含了文本域当前文字信息的字符串
placeholder	文本域为空时显示的一个示例值
maxlength	文本域能接收的最大字符数
minlength	文本域能输入的最小字符数
size	一个数字，指定文本域有多少个字符宽度
readonly	一个布尔属性，指定文本域中的内容是否应该为只读。当设置该属性后，文本域中的 value 值不能被修改
autocomplete	该属性表示这个控件的值是否可被浏览器自动填充
required	该属性表示此值为必填项
autofocus	该属性指定加载时控件具有输入焦点

示例：

```
<input type="text" size="20" maxlength="10" placeholder="请输入您的姓名" required
autofocus >
```

运行以上代码后，浏览器的显示效果如图 4-1 所示。

请输入您的姓名

图 4-1　text 类型表单效果

大家需要注意以下几个属性。

（1）value 和 placeholder。

value 是文本域中的输入值，它在表单获得焦点时仍然存在，并且可被表单提交。我们通常通过读取 value 属性值来获得用户输入的内容并提交给服务端处理。

placeholder 是文本域为空时显示的一个示例值，它在表单获得焦点时消失，并且不能作为文本域的 value 属性值，也不能被表单提交。placeholder 属性通常用于设置用户输入的提示内容。

（2）size 和 maxlength。

size 属性用于指定文本域有多少个字符的宽度，而 maxlength 属性用于指定文本域能接收的最大字符数，如图 4-2 所示。

```
<input type="text" size="20" maxlength="10" >
```

图 4-2 size 和 maxlength 属性效果

（3）autocomplete。

autocomplete 属性表示这个控件的值是否可被浏览器自动填充，例如：

```
<form action="user.php" method="get">
    城市：<input type="text" name="city" autocomplete="off">
    姓名：<input type="text" name="name" autocomplete="on">
    <input type="submit">
</form>
```

如图 4-3 所示，当单击"提交"按钮后，所有在"姓名"文本框中填写过的值将被保存，并在下一次填写时起到启动提示的作用。

图 4-3 autocomplete 属性自动填充效果

注意，autocomplete 属性的启动提示功能必须具备以下 3 个条件。

- 元素具有 name 属性或 id 属性。
- 元素处于<form>表单中。
- 表单必须具有提交按钮。

与 text 类型类似的还有 password、email、url、tel、number、search 等类型。

2. textarea 元素

textarea 元素表示一个多行纯文本编辑控件，即多行文本域。当你希望用户输入一段相当长的、不限格式的文本（如评论或反馈表单中的一段意见）时，可以使用该元素。该元素为闭合标签，不具备 value 属性，其常用属性如表 4-3 所示。

表 4-3　textarea 元素常用属性

属性	描述
name	设置多行文本域的名称
placeholder	文本域为空时显示的一个示例值
rows	设置多行文本域的可见行数
cols	设置多行文本域的可见宽度
required	该属性表示此值为必填项
autofocus	该属性指定加载时控件具有输入焦点

例如：

```
<textarea cols="35" rows="4" placeholder="请输入个人介绍"></textarea>
```

运行以上代码后，浏览器的显示效果如图 4-4 所示。

图 4-4　多行文本域效果

拖动多行文本域的右下角，可以任意改变其大小，如果需要禁用拖动缩放功能，则可以对该元素设置"resize:none"样式。

3. file 类型

<input type="file">可以使用户选择一个或多个文件上传到服务器中。file 类型常用属性如表 4-4 所示。

表 4-4　file 类型常用属性

属性	描述
accept	描述允许的文件类型
capture	捕获图像或视频数据的源
multiple	表示用户可以选择多个文件
files	列出了已选择的文件
autofocus	该属性指定加载时控件具有输入焦点

（1）accept 属性。

accept 属性用于描述允许的文件类型，如图 4-5 所示。例如，当指定了允许的文件类型为 gif 和 jpeg 时，在选择文件时只能选择对应类型的图片文件，如果没有指定 accept 属性，则可以选择任意类型的文件。

```
<input type="file" accept="image/gif, image/jpeg" >
```

图 4-5 accept 属性效果

（2）capture 属性。

capture 属性指定了捕获图像或视频数据的源。在 Web App 上指定 capture 属性，可以调用系统默认照相机、摄像机和录音机的功能。

capture 属性可以捕获系统默认设备的媒体信息。例如：

系统默认照相机：

```
<input type="file" accept="image/*" capture="camera">
```

系统默认摄像机：

```
<input type="file" accept="video/*" capture="camcorder">
```

系统默认录音机：

```
<input type="file" accept="audio/*" capture="microphone">
```

（3）multiple 属性。

multiple 属性表示用户可以选择多个文件。在弹出的列表框中框选多个文件后，用户就可以上传多个文件，如图 4-6 所示。例如：

```
<input type="file" multiple>
```

图 4-6 multiple 属性效果

（4）files 属性。

files 属性包括每个已选择的文件，如果没有指定 multiple 属性，则 files 属性中只有一个成员。例如：

```
<input type="file"  multiple>
```

当在文件域中选择了多个文件时，可以通过浏览器的调试工具进行分析，在"Elements"窗口中选中表单元素，通过表单元素的"Properties"属性窗口可以看到，files 属性中包括可供选择的文件列表。一般而言，该属性被提供给 JavaScript 脚本语言调用，以获取上传的文件列表成员信息，如图 4-7 所示。

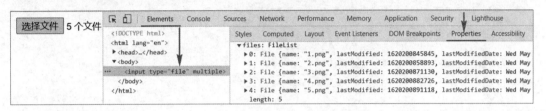

图 4-7 files 属性效果

4．radio 类型

<input type="radio">用于创建单选按钮。radio 类型常用属性如表 4-5 所示。

表 4-5 radio 类型常用属性

属性	描述
checked	设置或返回单选按钮的状态
disabled	设置或返回是否禁用单选按钮
name	设置或返回单选按钮的名称
value	设置或返回单选按钮的 value 属性值
autofocus	该属性指定加载时控件具有输入焦点

如果需要创建一组单选按钮，则必须为每个表单成员添加一个相同的 name 属性值。例如：

```
<input type="radio" name="gender">男
<input type="radio" name="gender">女
```

运行以上代码后，浏览器的显示效果如图 4-8 所示。

图 4-8 radio 类型表单效果

如果希望在以上案例中通过单击描述文字也能达到单选按钮的选择效果，则可以使用 label 元素关联单选按钮。将一个 label 元素和一个 input 元素匹配在一起，此时需要给 input 元素一个 id 属性。而 label 元素需要一个 for 属性，其值和 input 元素的 id 属性值一样。例如：

```
<input type="radio" id="man" name="gender">
<label for="man">男</label>
```

```
<input type="radio" id="woman" name="gender">
<label for="woman">女</label>
```

5．checkbox 类型

<input type="checkbox">用于创建复选框。它具有与 radio 类型相同的属性。如果需要创建一组复选框，则必须为每个表单成员添加一个相同的 name 属性值。例如：

```
<h4>请选择您喜爱的水果：</h4>
<input type="checkbox" id="banana" name="fruit">
<label for="banana">香蕉</label>
<input type="checkbox" id="apple" name="fruit">
<label for="apple">苹果</label>
<input type="checkbox" id="pear" name="fruit">
<label for="pear">梨子</label>
<input type="checkbox" id="peach" name="fruit">
<label for="peach">桃子</label>
```

运行以上代码后，浏览器的显示效果如图 4-9 所示。

请选择您喜爱的水果：

☐ 香蕉 ☑ 苹果 ☑ 梨子 ☐ 桃子

图 4-9　checkbox 类型表单效果

6．button 类型

<input type="button">用于创建一个没有默认值的可单击按钮。如果需要按钮出现文字标签，则可以指定 value 属性值。例如：

```
<input type="button" value="按钮">
```

运行以上代码后，浏览器的显示效果如图 4-10 所示。

按钮

图 4-10　button 类型表单效果

在 HTML5 中，建议使用<button>标签创建按钮，以上代码可被更改为：

```
<button>按钮</button>
```

与 button 类型类似的还有 submit、reset 等类型。

7．select 元素

select 元素表示一个提供选项的下拉列表控件，例如：

```
<form action="login.php" method="get" target="_self">
    <label for="chooseFruit">选择您最喜欢的水果：</label><br>
    <select name="fruit" id="chooseFruit">
        <option value="apple">苹果</option>
        <option value="banana">香蕉</option>
```

```
        <option value="pear">梨子</option>
        <option value="peach">桃子</option>
    </select>
    <input type="submit">
</form>
```

运行以上代码后,浏览器的显示效果如图 4-11 所示。

以上代码展示了 select 元素的使用方法。select 元素可以通过 id 属性与 label 元素关联在一起。name 属性表示提交到服务器的相关数据点的名称。每个选项由 select 元素中的一个 option 元素定义。每个 option 元素都应该有一个 value 属性,其中包含被选中时需要提交到服务器的数据值。如果不包含 value 属性,则 value 属性值默认为元素中的文本。用户

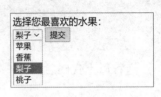

图 4-11   下拉列表控件效果

可以在 option 元素中设置一个 selected 属性,以将其设置为页面加载完成时默认选中的元素。在上述例子中,我们选中了"梨子"选项,单击"提交"按钮,表单通过 URL 地址将数据值"pear"提交给了服务器。

select 元素有一些用于控制元素的特有属性,例如,multiple 属性规定了能否同时选中多个选项,size 属性规定了一次性显示多少个选项。

如果下拉列表中的选项较多,则可以通过 optgroup 元素进行分组。

示例:

```
<select>
    <optgroup label="福建">
        <option value="xm">厦门</option>
        <option value="fz">福州</option>
        <option value="ly">龙岩</option>
    </optgroup>
    <optgroup label="浙江">
        <option value="hz">杭州</option>
        <option value="nb">宁波</option>
        <option value="wz">温州</option>
    </optgroup>
</select>
```

运行以上代码后,浏览器的显示效果如图 4-12 所示。

图 4-12   optgroup 元素分组效果

8．datalist 元素

datalist 元素包含了一组 option 元素，这组元素表示其他表单控件的可选值。例如：

```
<h1>datalist 元素学习</h1>
    <input type="text" id="mybooks" list="books">
    <datalist id="books">
        <option value="假如给我三天光明"></option>
        <option value="经济学讲义"></option>
    </datalist>
```

运行以上代码后，浏览器的显示效果如图 4-13 所示。

图 4-13　datalist 元素效果

9．details 元素

details 元素可以创建一个挂件，仅在被切换成展开状态时，才会显示内含的信息。summary 元素可以为该挂件提供概要或标签。例如：

```
<h1>details 元素学习</h1>
<details>
    <summary>点击查看 details 元素的概念</summary>
    details：用于描述文档或文档某部分的细节。
</details>
```

运行以上代码后，浏览器的显示效果如图 4-14 所示。

details元素学习

▼ 点击查看details元素的概念
details：用于描述文档或文档某部分的细节。

图 4-14　details 元素效果

1.3　CSS3 选择器

CSS3 中新增了许多选择器，便于对页面元素进行筛选，下面我们一起来学习并认识它们。

1．层级选择器

（1）相邻兄弟选择器。

相邻兄弟选择器可以选择紧接在一个元素后面的另一个元素，且要求二者有相同的父元素，使用符号"+"表示。例如：

```
<style>
    .li1+.li2 {
        font-weight: bolder;
        font-size: 32px;
    }
</style>


<ul>
    <li class="li1">列表项一</li>
    <li class="li2">列表项二</li>
    <li class="li3">列表项三</li>
    <li class="li4">列表项四</li>
</ul>
```

运行以上代码后,浏览器的显示效果如图 4-15 所示。

图 4-15　相邻兄弟选择器效果

注意,相邻兄弟选择器只能选择紧邻的"弟元素",例如,以下两种写法都是无法完成标签选择的:

```
<style>
    /* 非紧邻元素 */
    .li1+.li3 { font-weight: bolder;}
    /* 非"弟元素" */
    .li2+.li1 { font-weight: bolder;}
</style>


<ul>
    <li class="li1">列表项一</li>
    <li class="li2">列表项二</li>
    <li class="li3">列表项三</li>
    <li class="li4">列表项四</li>
</ul>
```

(2)通用兄弟选择器。

通用兄弟选择器的使用方法和相邻兄弟选择器的使用方法相似,不同的是,通用兄弟选择器所选择的元素位置不需要紧邻,只需要层级相同即可,使用符号"~"表示。

2. 结构性伪类选择器

结构性伪类选择器的公共特征是允许开发者根据文档结构来指定元素的样式。其具体的使用方法和描述如表 4-6 所示。

表 4-6　结构性伪类选择器的使用方法和描述

选择器	描述
first-child	表示一组兄弟元素中的第一个元素
last-child	表示其父元素的最后一个子元素
nth-child(N)	用于选取属于其父元素的第 N 个子元素，不论元素的类型
nth-last-child(N)	用于选取属于其父元素的倒数第 N 个子元素，不论元素的类型
nth-of-type(N)	匹配同类型中的第 N 个同级兄弟元素
nth-last-of-type(N)	匹配同类型中的倒数第 N 个同级兄弟元素
first-of-type	匹配其父元素特定类型的第一个子元素
last-of-type	匹配其父元素特定类型的最后一个子元素
only-child	匹配没有任何兄弟元素的元素
only-of-type	代表任意一个元素，这个元素没有其他相同类型的兄弟元素
empty	匹配没有子元素（包括文本元素）的元素

以上选择器中的参数 N 还可以使用表达式"a*n+b"来替换，n=0，1，2，3……例如：

"2*n+1"用于匹配位置为 1、3、5、7……的元素。也可以使用关键字 odd 来替换此表达式。

"2*n+0"用于匹配位置为 2、4、6、8……的元素。也可以使用关键字 even 来替换此表达式。

a 和 b 都必须为整数，并且元素的第一个子元素索引为 1，而不是像数组一样从 0 开始。在上述表达式中，a*n 必须写在 b 的前面，不能写成 b+a*n 的形式。例如：

```
<style>
    li:nth-child(2*n+1) {
        background: skyblue;
    }
</style>
<ul>
    <li>项目一</li>
    <li>项目二</li>
    <li>项目三</li>
    <li>项目四</li>
    <li>项目五</li>
    <li>项目六</li>
</ul>
```

运行以上代码后，浏览器的显示效果如图 4-16 所示。

- 项目一
- 项目二
- 项目三
- 项目四
- 项目五
- 项目六

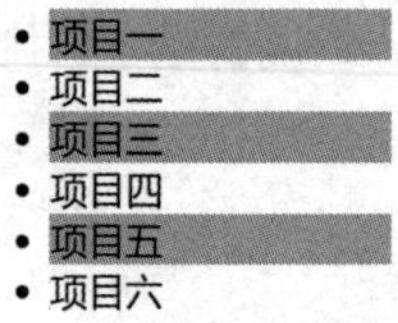

图 4-16　结构性伪类选择器效果

3. 状态伪类选择器

（1）enabled。

enabled 表示任何被启用的元素。如果一个元素能够被激活（如选择、单击等），或者能够获取焦点，则该元素是被启用的。元素也有一个禁用的状态，在被禁用时，元素不能被激活或获取焦点。例如：

```
<style>
    input:enabled { font-weight: bolder;font-style: italic; }
</style>
<input type="text">
```

运行以上代码后，浏览器的显示效果如图 4-17 所示。

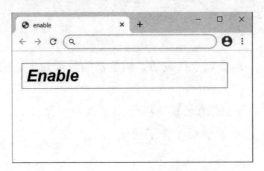

图 4-17　enabled 状态伪类选择器效果

（2）disabled。

disabled 与上述的 enabled 含义相反，该状态伪类选择器表示任何被禁用的元素。

（3）checked。

checked 状态伪类选择器用于指定当表单中的 radio 单选按钮或 checkbox 复选框处于选中状态时的样式，如图 4-18 所示。例如：

```
<style>
    #apple:checked~p {
        font-weight: bolder;
        font-style: italic;
    }
</style>


<input type="radio" name="c" id="apple">苹果
<p id="fruit">你选中了水果</p>
```

图 4-18　checked 状态伪类选择器效果

4. 伪元素选择器

伪元素是一个被附加至选择器末尾的关键词，允许用户修改被选择元素特定部分的样式。在 HTML5 中，伪类选择器用一个冒号来表示，而伪元素选择器则用两个冒号来表示。

（1）before。

before 伪元素选择器用于创建一个元素，且该元素将成为已选中元素的第一个子元素。

通常使用 content 属性为一个元素添加修饰性的内容。此元素默认为行内元素。例如：

```
<style>
    p::before {
        content: "♥";
    }
</style>
<p>你</p>
<p>我</p>
<p>他</p>
```

♥你

♥我

♥他

图 4-19   before 伪
元素选择器效果

运行以上代码后，浏览器的显示效果如图 4-19 所示。

（2）after。

after 伪元素选择器用于创建一个元素，且该元素将成为已选中元素的最后一个子元素。

5. 属性选择器

在 CSS 中，可以通过属性选择器来选中带有特定属性的元素。

（1）[attribute]选择器。

该选择器用于选取带有指定属性的元素。例如：

```
<style>
    [title] {
        font-weight: bolder;
        font-style: italic;
    }
</style>


<p>不含[title]属性</p>
<p title="include">包含[title]属性</p>
```

运行以上代码后，浏览器的显示效果如图 4-20 所示。

不含[title]属性

包含[title]属性

图 4-20   [attribute]选择器效果

（2）[attribute=value]选择器。

该选择器用于选取带有指定属性和值的元素。例如：

```
<style>
    a[href="http://www.baidu.com"] {
        font-weight: bolder;
        font-style: italic;
    }
```

```
</style>

<a href="http://www.baidu.com">百度</a>
<a href="http://www.sina.com">新浪</a>
<a href="http://www.tencent.com">腾讯</a>
```

运行以上代码后,浏览器的显示效果如图4-21所示。

（3）[attribute~=value]选择器。

该选择器用于选取属性值中包含指定词汇的元
素,如图4-22所示。例如:

百度 新浪 腾讯

图 4-21　[attribute=value]选择器效果

```
<style>
    p[class~="important"] {
        font-weight: bolder;
        font-style: italic;
    }
</style>

<p class="important warning">This is important</p>
<p class="important">This is important</p>
<p class="warning">This is not important</p>
```

This is important

This is important

This is not important

图 4-22　[attribute~=value]选择器效果

（4）[attribute|=value]选择器。

该选择器用于选取带有以指定值开头的属性值的元素,且该值必须是整个单词。例如:

```
<style>
    p[lang|="en"] {
        font-weight: bolder;
        font-style: italic;
    }
</style>

<p lang="en">en</p>
<p lang="en-us">en-us</p>
<p lang="cy-en">cy-en</p>
```

运行以上代码后,浏览器的显示效果如图4-23所示。

en

en-us

cy-en

图 4-23　[attribute|=value]选择器效果

（5）[attribute^=value]选择器。

该选择器用于选取属性值以指定值开头的每个元素。例如：

```
<style>
    p[class^="important"] {
        font-weight: bolder;
        font-style: italic;
    }
</style>

<p class="important warning">This is important</p>
<p class="important">This is important</p>
<p class="warning important">This is not important</p>
```

运行以上代码后，浏览器的显示效果如图 4-24 所示。

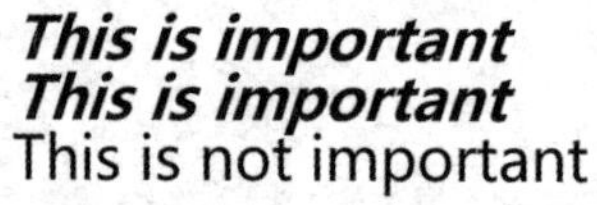

This is important
This is important
This is not important

图 4-24　[attribute^=value]选择器效果

（6）[attribute$=value]选择器。

该选择器用于选取属性值以指定值结尾的每个元素。例如：

```
<style>
    p[class$="important"] {
        font-weight: bolder;
        font-style: italic;
    }
</style>

<p class="important warning">This is important</p>
<p class="important">This is important</p>
<p class="warning important">This is not important</p>
```

运行以上代码后，浏览器的显示效果如图 4-25 所示。

This is important
This is important
This is not important

图 4-25　[attribute$=value]选择器效果

（7）[attribute*=value]选择器。

该选择器用于选取属性值中包含指定值的每个元素。例如：

```
<style>
    p[class*="bo"] {
        font-weight: bolder;
```

```
        font-style: italic;
    }
</style>

<p class="box">box</p>
<p class="ball">ball</p>
<p class="about">about</p>
```

运行以上代码后，浏览器的显示效果如图 4-26 所示。

box
ball
about

图 4-26　[attribute*=value]选择器效果

【任务实施】

在本任务中，我们将通过表单元素和复杂的标签选择器，完成“加入我们”页面的布局与样式设计，页面效果如图 4-27 所示。

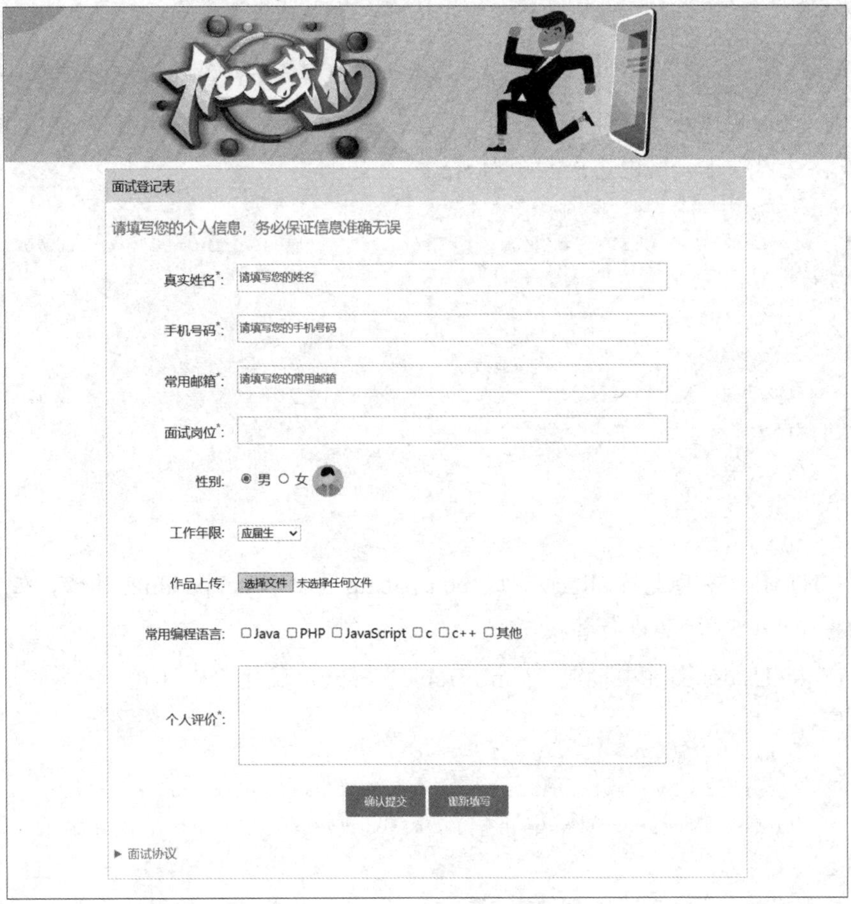

图 4-27　“加入我们”页面效果

（1）在 html 文件夹中新建 joinUs.html 文件，用于设计"加入我们"页面。

（2）在 joinUs.html 文件中输入"html:5"，完成基础结构搭建，修改网页标题为"加入我们"，并引入 joinUs.css 文件。

```
<title>加入我们</title>
<link rel="stylesheet" href="../css/joinUs.css">
```

（3）在 img 文件夹中放置 joinUs.png 图片文件，并通过<img>标签将其引入页面中。

```
<img src="../img/joinUs.png" width="100%">
```

（4）新建<form>表单和<table>表格，用于设计面试登记表。将<table>表格划分为表头、表格主体和表尾三部分，并设置<form>表单的提交方式为"post"，提交地址为"join.php"。

```
<form action="join.php" method="post">
    <table>
        <thead>
        </thead>
        <tbody>
        </tbody>
        <tfoot>
        </tfoot>
    </table>
</form>
```

（5）为<table>表格元素赋予类名"joinUsTable"，并设置表格居中对齐，单元格间距为 0px，单元格边界与单元格内容的间距为 8px。

```
<form action="join.php" method="post">
    <table class="joinUsTable" align="center" cellspacing="0" cellpadding="8">
        <thead>
        </thead>
        <tbody>
        </tbody>
        <tfoot>
        </tfoot>
    </table>
</form>
```

注意： HTML5 不再支持 align 属性、cellspacing 属性和 cellpadding 属性。在后续任务中，我们将使用 CSS 对其进行替换。

（6）在 joinUs.css 文件中设置"joinUsTable"样式，美化表格样式。

```
.joinUsTable {
        width: 800px;
        border: 1px solid #dddddd;
     /* 后续使用 margin: auto 用来代替 align="center"属性，使表格水平居中；*/
    }
```

（7）将表格划分为 13 行 2 列的格式，并对表头、表格主体和表尾的首尾行进行跨列合并。在表格中补充信息内容，其中带"*"号的为必填项，可以使用<sup>标签进行设置，如图 4-28 所示。

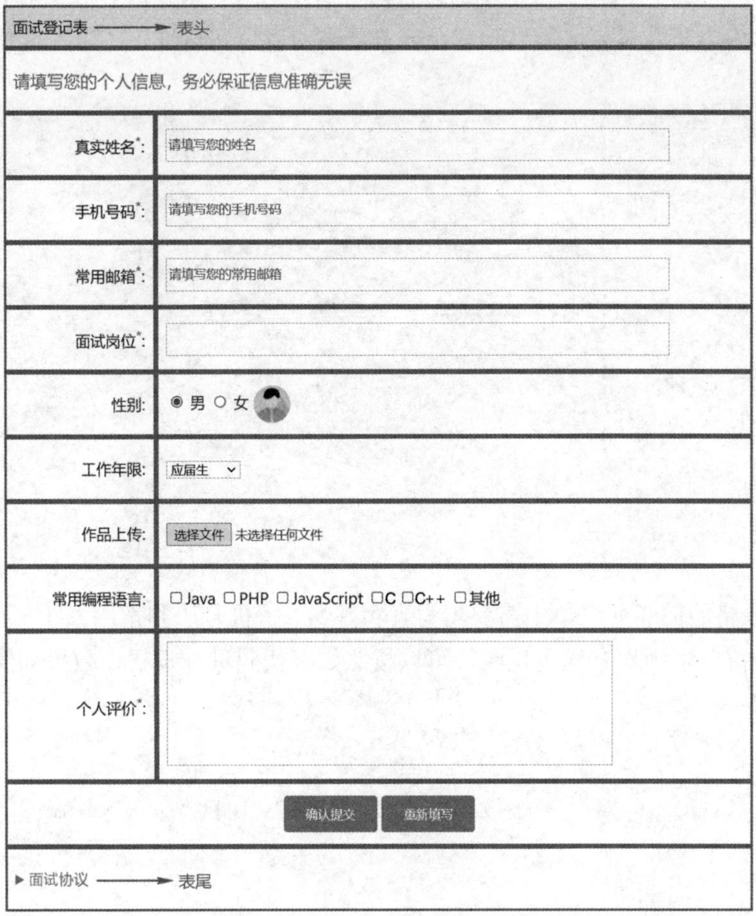

图 4-28 面试登记表结构示意图

（8）根据图 4-28 设置表头、单元格和<sup>标签的样式，可以通过后代选择器快速选取标签元素。

```css
.joinUsTable th {
    height: 20px;
    background: #f0f0f0;
    font-weight: normal;
    text-align: left;
}
.joinUsTable td {
    height: 46px;
    color: #363636;
}
.joinUsTable sup {
```

```
    color: red;
  }
```

（9）观察图 4-28 可知，表格主体的首行内容居左对齐，末行内容居中对齐，中间部分的第一列文本内容居右对齐，第二列表单元素居左对齐，可以通过 CSS3 选择器进行对应的样式设置。

```
.joinUsTable tbody tr td:first-child {
    width: 140px;
    text-align: right;
}

.joinUsTable tbody tr:first-childtd {
    color: #f57359;
    font-size: 18px;
    text-align: left;
}
.joinUsTable tbody tr:last-childtd {
    text-align: center;
}
```

（10）在表格的前 3 列表单中需要填写真实姓名、手机号码和常用邮箱信息，并且这 3 项为必填项，每一项中均有描述说明，可以按照如下代码进行设置，效果如图 4-29 所示。

```
    <tr>
        <td>真实姓名<sup>*</sup>:</td>
        <td>
            <input type="text" placeholder="请填写您的姓名" name="name"
required="required">
        </td>
    </tr>
    <tr>
        <td>手机号码<sup>*</sup>:</td>
        <td>
            <input type="tel" placeholder="请填写您的手机号码" name="tel"
required="required">
        </td>
    </tr>

    <tr>
        <td>常用邮箱<sup>*</sup>:</td>
        <td>
            <input type="email" placeholder="请填写您的常用邮箱" name="email"
required="required">
        </td>
    </tr>
```

注意：建议 input 元素都添加 name 属性，便于未来与服务端进行数据交互。

图 4-29　表格前 3 列表单效果

（11）在样式表中为前 3 列表单设置样式，使其宽度为 530px、高度为 30px，并采用宽度为 1px 的浅灰色实线边框。当文本框具有焦点时，呈现出宽度为 1px 的橘色实线边框。多个表单元素的选取可以通过并集选择器实现。

```css
.joinUsTable input[type="text"],
.joinUsTable input[type="tel"],
.joinUsTable input[type="email"] {
    width: 530px;
    height: 30px;
    border: 1px solid #cbcbcb;
}


.joinUsTable input:focus {
    outline: none;
    border: 1px solid #f57359;
}
```

此处需要注意 border 和 outline 的区别。

- border：元素的边框。
- outline：当使用鼠标单击或使用 Tab 键让表单元素获得焦点时，该表单元素将会被一个轮廓线框围绕。这个轮廓线框就是 outline。

（12）"面试岗位" 表单是一个下拉列表，存在多个选项。可以按照如下代码进行设置，效果如图 4-30 所示。

```html
<tr>
    <td>面试岗位<sup>*</sup>:</td>
    <td>
        <input type="text" list="jobs" name="jobs" required="required">
        <datalist id="jobs">
            <option value="Java 工程师"></option>
            <option value="PHP 工程师"></option>
            <option value="前端工程师"></option>
            <option value="C/C++工程师"></option>
            <option value="UI 设计师"></option>
        </datalist>
```

```
        </td>
    </tr>
```

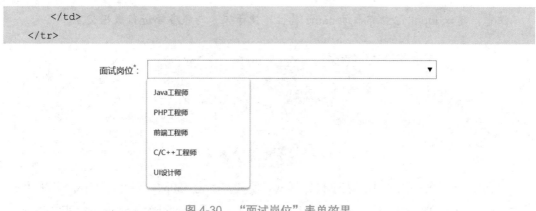

图 4-30　"面试岗位"表单效果

　　（13）下面进行"性别"表单的设计，这部分的重点在于切换不同的选项标签时，用户头像能够随之切换，效果如图 4-31 所示。

图 4-31　"性别"表单效果

　　由图 4-31 可知，"性别"表单中的单选按钮通过<input type="radio">设计而成。为了实现其单选效果，需要添加属性值相同的 name 属性，同时使用<label>标签关联 input 元素，以便用户通过文字进行性别选取。

```
<tr>
    <td>性别:</td>
    <td>
        <input type="radio" id="man" name="gender" checked>
        <label for="man">男</label>
        <input type="radio" id="woman" name="gender">
        <label for="woman">女</label>
        <img width="40" src="">
    </td>
</tr>
```

　　如何通过<input type="radio">进行用户头像切换呢？关键在于使用:checked 状态伪类选择器和通用兄弟选择器。我们可以通过上述选择器对选中的 input 元素后的 img 元素进行背景内容的更换设置。

```
#man:checked~img {
    content: url(../img/man.png);
}
#woman:checked~img {
    content: url(../img/woman.png);
}
```

　　content 属性可以用于设置多媒体元素（图像、声音、视频等）的超链接地址。

（14）"工作年限"表单是一个下拉列表。可以按照如下代码进行设置，对列表项使用 option 元素，并注意设置其 value 属性值，便于未来与服务端进行数据交互，效果如图 4-32 所示。

```
<tr>
    <td>工作年限:</td>
    <td>
        <select name="exp">
            <option value="fresh">应届生</option>
            <option value="1to3">1-3 年</option>
            <option value="3to5">3-5 年</option>
            <option value="5to8">5-8 年</option>
            <option value="8to10">8-10 年</option>
            <option value="10more">10 年以上</option>
        </select>
    </td>
</tr>
```

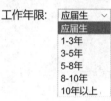

图 4-32　"工作年限"表单效果

（15）通过 CSS 样式，设置 select 元素边框为宽度为 1px 的浅灰色实线。

```
.joinUsTable select {
    border: 1px solid #cbcbcb;
}
```

（16）"作品上传"表单可以通过 file 类型的 input 元素进行设置，并指定 multiple 属性，允许上传多个文件，效果如图 4-33 所示。

```
<tr>
    <td>作品上传:</td>
    <td>
        <input type="file" name="files" multiple>
    </td>
</tr>
```

作品上传：　选择文件　未选择任何文件

图 4-33　"作品上传"表单效果

（17）"常用编程语言"表单是一组复选框，可以通过 checkbox 类型的 input 元素进行设置，并使用<label>标签关联 input 元素，以便用户通过文字进行常用编程语言的选取，效果如图 4-34 所示。

```html
<tr>
    <td>常用编程语言:</td>
    <td>
        <label for="Java">
            <input id="java" value="java" type="checkbox">Java
        </label>
        <label for="PHP">
            <input id="php" value="php" type="checkbox">PHP
        </label>
        <label for="JS">
            <input id="js" value="js" type="checkbox">JavaScript
        </label>
        <label for="c">
            <input id="c" value="c" type="checkbox">C
        </label>
        <label for="c++">
            <input id="c++" value="c++" type="checkbox">C++
        </label>
        <label for="others">
            <input id="others" value="others" type="checkbox">其他
        </label>
    </td>
</tr>
```

常用编程语言:　☐Java ☐PHP ☐JavaScript ☐C ☐C++ ☐其他

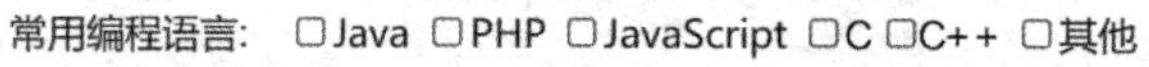

图 4-34　"常用编程语言"表单效果

（18）"个人评价"表单是一个多行文本域，可以通过 textarea 元素进行设置，并使用 rows 属性规定可见行数，使用 cols 属性规定可见宽度，如图 4-35 所示。

```html
<tr>
    <td>个人评价<sup>*</sup>:</td>
    <td>
        <textarea cols="71" rows="8" name="evaluation"></textarea>
    </td>
</tr>
```

个人评价*:

图 4-35　"个人评价"表单效果

· 94 ·

（19）通过 CSS 样式禁用多行文本域的拖动缩放功能，并设置其具有焦点时的样式。因为其具有焦点时的样式和单行文本域是相同的，所以可以通过并集选择器进行多个元素的样式声明，而不必重复设置样式。

```
.joinUsTable input:focus,
    .joinUsTable textarea:focus {
        outline: none;
        border: 1px solid #f57359;
    }
    .joinUsTable textarea {
        resize: none;
        border: 1px solid #cbcbcb;
    }
```

（20）表单的提交和重置按钮可以通过 submit 类型和 reset 类型的 input 元素进行设置，并且可以通过并集选择器和:hover 伪类选择器设置按钮在默认状态和交互状态时的样式，效果如图 4-36 所示。

joinUs.html 文件：

```
<tr>
    <td colspan="2">
        <input type="submit" value="确认提交">
        <input type="reset" value="重新填写">
    </td>
</tr>
```

joinUs.css 文件：

```
input[type="submit"],
input[type="reset"] {
    background: #f57359;
    outline: none;
    border: none;
    color: white;
    width: 100px;
    height: 38px;
}

input[type="submit"]:hover,
input[type="reset"]:hover {
    background: orangered;
}
```

图 4-36　表单的提交和重置按钮效果

（21）表尾的"面试协议"是一个下拉挂件，可以通过 details 元素进行设置，效果如图 4-37 所示。

```
<tfoot>
    <tr>
        <td colspan="2">
            <details>
                <summary>面试协议</summary>
                <p>
                    鉴于与面试者洽谈劳务合同关系，面试及相关交流中会涉及我司的商业秘密，为了明
确面试者的保密义务，有效保护我司的商业秘密，防止该商业秘密被公开披露或以任何形式泄露，请面试者遵守《中
华人民共和国劳动法》《中华人民共和国劳动合同法》《中华人民共和国反不正当竞争法》等有关规定，遵循诚实守信
的原则进行面试。
                </p>
            </details>
        </td>
    </tr>
</tfoot>
```

▼ 面试协议

　　鉴于与面试者洽谈劳务合同关系，面试及相关交流中会涉及我司的商业秘密，为了明确面试者的保密义务，有效保护我司的商业秘密，防止该商业秘密被公开披露或以任何形式泄露，请面试者遵守《中华人民共和国劳动法》《中华人民共和国劳动合同法》《中华人民共和国反不正当竞争法》等有关规定，遵循诚实守信的原则进行面试。

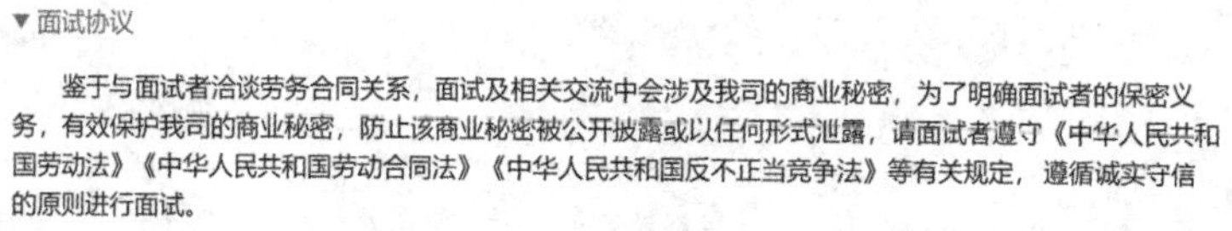

图 4-37　"面试协议"示意图

（22）通过 CSS 样式设置"面试协议"标题字体为橘色，并使用 text-indent 属性设置协议文本信息首行缩进 32px。

```
.joinUsTable details summary {
    color: #f57359;
    outline: none;
}
.joinUsTable details p {
    text-indent: 32px
}
```

在本任务中，我们学习了表单元素及 CSS3 选择器的使用方法，并进行了"加入我们"页面的设计。表单元素是网页中实现用户交互的主要控件，而 CSS3 中丰富的结构选择器和伪类选择器为后续复杂页面的布局设计提供了极大便利。

【任务拓展】

请根据图 4-38 完成"用户反馈"页面的设计。

- "联系方式"下拉列表中的选项包括"Email""手机号码""QQ"。
- "反馈主题"下拉列表中的选项包括"投诉""建议"。
- 表格及表单元素边框颜色为"#DDD"，字体为"微软雅黑"。

- "用户反馈"标题颜色值为"#DADADA"，文字粗细为 25px。
- "您的姓名"、"联系方式"和"留言内容"为必填项。

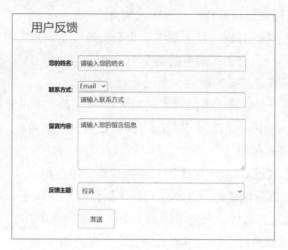

图 4-38　"用户反馈"页面示意图

【练习与思考】

1. 单选题

（1）对于<form>表单的 method 属性中 get 和 post 的区别，以下说法中错误的是（　　）。

A．在使用 get 方式时，<form>表单中的数据集被附加到 action 属性所指定的 URL 地址后面提交

B．在使用 post 方式时，<form>表单中的数据集被包装在请求的 body 中提交

C．在对安全性有要求的情况下，应该使用 post 方式提交

D．在需要提交长文本内容的情况下，应该使用 post 方式

（2）（　　）表示通用兄弟选择器。

A．.li1+li { }　　　　B．.li1~li { }　　　　C．.li1 li { }　　　　D．.li1>li { }

（3）以下关于表单元素的描述中错误的是（　　）。

A．<input type="number"> 能够让用户输入一行数字

B．<input type="text">用于创建基础的多行文本域

C．<input type="search">是为用户输入文本而设计的文本字段

D．<input type="file">可以使用户选择一个或多个文件上传到服务器中

2. 多选题

（1）以下关于<input type="text">的属性描述中错误的是（　　）。

A．name 属性表示文本域的名称

B．value 属性是一个包含了文本域当前文字信息的字符串

C．size 属性指定文本域中最多输入多少个字符

D．required 属性指定加载时控件具有输入焦点

（2）关于结构性伪类选择器，以下说法中正确的是（　　）。

A．first-child 表示一组兄弟元素中的第一个元素

B．last-child 表示其父元素的最后一个子元素

C．nth-child(N)用于选取属于其父元素的第 N 个子元素，不论元素的类型

D．nth-last-child(N)用于选取属于其父元素的倒数第 N 个子元素，不论元素的类型

（3）以下描述中错误的是（　　）。

A．伪元素选择器通过 content 属性为元素添加修饰性内容

B．通过伪元素选择器创建的元素默认为行内块级元素

C．before 伪元素选择器用于向文本的第一个字母添加样式

D．after 伪元素选择器用于向文本的最后一个字母添加样式

3．判断题

（1）<form>表单元素本身是不可见的。　　　　　　　　　　（　　）

（2）<input type="search">是为用户输入文本而设计的文本字段。　（　　）

（3）<input type="radio">用于创建复选框。　　　　　　　　（　　）

模块 5

"产品中心"页面设计

本模块主要介绍盒模型、浮动、精灵图的使用方法，并通过盒模型设计网站的"产品中心"页面。

知识目标

掌握盒模型相关概念及布局方法；
掌握浮动及清除浮动的方法；
掌握使用盒模型进行网页布局的方法。

模块 5 微课

技能目标

能够正确使用盒模型进行网页布局；
能够合理使用浮动和清除浮动；
能够合理使用精灵图。

项目背景

根据功能或内容的不同，可将网页划分为不同的区域模块，如导航模块、广告栏模块等。这些承载了不同内容的模块被称为盒模型。盒模型本质上是一个盒子，所有 HTML 页面中的元素都可以被看作盒子。理解盒模型的基本原理，是我们使用 CSS 实现准确布局、处理元素排列的关键。本模块将通过盒模型及浮动设置，完成"产品中心"页面的布局与样式设计。

任务规划

本模块将完成"产品中心"页面的布局与样式设计。

任务 "产品中心"页面的布局与样式设计

【任务概述】

本任务主要讲解盒模型的概念、属性，以及浮动的使用方法，帮助读者掌握使用盒模型进行网页布局的方法，并完成"产品中心"页面的布局与样式设计。

【知识准备】

1.1 盒模型

所谓盒模型，就是把 HTML 页面中的元素看作一个方形的盒子，它包括边框、内边距、外边距和内容区域等。为了更形象地认识盒模型，我们以月饼礼盒为例进行讲解，如图 5-1 所示。

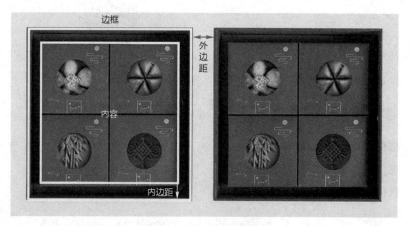

图 5-1 盒模型示意图

要准确地控制页面中每个元素的样式，我们需要掌握盒模型的相关属性，包括宽高、边框、边距等。本任务将对这些属性进行详细的讲解。

1. 宽高属性

width 属性用于设置元素的宽度，height 属性用于设置元素的高度。width 属性的取值如表 5-1 所示。height 属性的取值与 width 属性的取值相似，此处不再赘述。

表 5-1　width 属性的取值

值	描述
auto	浏览器将会为指定的元素计算并选择一个宽度
length	使用 px、cm 等单位定义宽度
%	基于父元素宽度的百分比宽度
inherit	从父元素继承 width 属性的值

2. 边框属性

（1）border-width。

该属性用于设置盒模型的边框宽度，且只有当边框样式（border-style）不为 none 时才起作用。其属性值可以是具体的单位（如 px、cm 等）或关键字（如 thin、medium、thick）。

（2）border-style。

该属性用于设置元素所有边框的样式，其取值如表 5-2 所示。

表 5-2 border-style 属性的取值

值	表现	描述
none		和 hidden 样式类似，不显示边框。none 样式的优先级最低，意味着如果存在其他重叠边框，则会显示其他重叠边框
hidden		和 none 样式类似，不显示边框。hidden 样式的优先级最高，意味着如果存在其他重叠边框，则不会显示边框
dotted		显示为一系列圆点。圆点半径是 border-width 属性值的一半
dashed		显示为一条方形虚线
solid		显示为一条实线
double		显示为一条双实线，宽度是 border-width 属性值
groove		显示为有雕刻效果的边框，样式与 ridge 样式相反
ridge		显示为有浮雕效果的边框，样式与 groove 样式相反
inset		显示为有陷入效果的边框，样式与 outset 样式相反。当它指定 border-collapse 为 collapsed 的单元格时，会显示为 groove 样式
outset		显示为有突出效果的边框，样式与 inset 样式相反。当它指定 border-collapse 为 collapsed 的单元格时，会显示为 ridge 样式

如果需要单独设置其中的某一条边框，则可以使用 top、left、right、bottom 关键字。例如：

```
border-right-style: 2px solid blue;
```

（3）border-color。

该属性用于设置元素边框的颜色。border-color 属性的取值可以是预定义的颜色英文单词（如 blue、red 等），也可以是十六进制形式的颜色值（如#ff0000）或 rgb 代码颜色值（如 rgb(255,0,0)红色）。

（4）border。

该属性用于在一个声明中设置一个或多个以下属性的值：border-width、border-style、border-color。

如果需要单独设置其中的某一条边框，则可以使用 border-top|right|bottom|left 属性。

3. 边距属性

（1）padding。

该属性用于控制所有元素四条边的内边距（内填充）区域。月饼礼盒的边框和内容区域之间的边距称为 padding。padding 属性值不能为负值，图 5-1 中的内边距就是 padding。

padding 属性的取值如表 5-3 所示。

表 5-3　padding 属性的取值

值	描述
auto	浏览器自动计算内边距
长度值	以具体单位计算的内边距，如 px、cm 等。默认值是 0px
百分比	基于父元素宽度的百分比的内边距
inherit	继承父元素内边距

使用方法如下：

```
/* 所有内边距为10px */
padding: 10px;
/* 上下内边距5% | 左右内边距10% */
padding: 5% 10%;
/* 上内边距1px | 左右内边距2px | 下内边距3px */
padding: 1px 2px 3px;
/* 上内边距1px | 右内边距2px | 下内边距3px | 左内边距4px */
padding: 1px 2px 3px 4px;
```

（2）margin。

该属性用于设置所有外边距。图 5-1 中两个月饼礼盒之间的外边距称为 margin。该属性常用于拉开盒模型之间的距离，其属性值和用法与 padding 属性的相似。但是 margin 属性有一些特殊的取值和使用方法，大家需要注意。

① margin 属性值可以为负值。当 margin 属性值为负值时，将会"拉近"两个盒模型之间的距离。例如：

```
<style>
    .box1,
    .box2 {
        width: 200px;
        height: 200px;
        border: 2px solid black;
        float: left;
```

```
        }
        .box2 {
            margin-left: -30px;
            margin-top: 30px;
        }
</style>
 <div class="box1"></div>
 <div class="box2"></div>
```

此时，类名为"box2"的容器将重叠于"box1"容器之上，效果如图 5-2 所示。

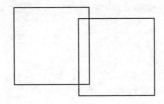

图 5-2　margin 属性值为负值时的效果

② margin:auto。当 margin-left 属性值和 margin-right 属性值为 auto 时，表示子元素占据父元素所有可分配空间；当 margin-top 属性值和 margin-bottom 属性值为 auto 时，相当于 margin-top 属性值和 margin-bottom 属性值为 0px。所以，我们通常使用 margin:auto 来控制子元素在父元素中水平居中对齐。需要注意的是，margin:auto 仅对块级元素有效。例如：

```
.parent {
    width: 200px;
    height: 200px;
    border: 2px solid black;
}
.box {
    width: 50px;
    height: 50px;
    background: gray;
    margin-left: auto;
    margin-right: auto;
    margin-top: auto;
    margin-bottom: auto
}
 <div class="parent">
    <div class="box"></div>
  </div>
```

在浏览器中预览网页，并通过浏览器调试工具对选择的子元素进行分析，效果如图 5-3 所示。

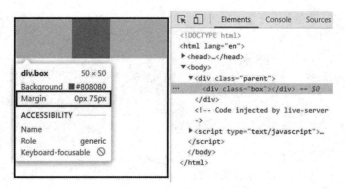

图 5-3　浏览器调试工具分析效果

4．盒模型的计算

（1）box-sizing。

box-sizing 属性定义了应该如何计算一个元素的总宽度和总高度。在 CSS 盒模型的默认定义中，对一个元素设置的宽度与高度只会被应用到这个元素的内容区域中。如果这个元素有任何边框或内边距，则将其绘制到屏幕上时，盒子宽度和高度会加上设置的边框宽度与内边距。这意味着当调整一个元素的宽度和高度时，需要时刻注意这个元素的边框宽度和内边距，而这对布局是十分不便的。

box-sizing 属性可用于改变元素的宽高计算模式，其取值如表 5-4 所示。

表 5-4　box-sizing 属性的取值

值	描述
content-box	默认值。如果设置一个元素的宽度为 100px，那么这个元素的内容区域的宽度为 100px，并且其中任何边框宽度和内边距都会被增加到最后绘制出来的元素宽度中
border-box	为元素设置的宽度和高度包括边框宽度和内边距，即为元素指定的任何边框宽度和内边距都将在已设置的宽度和高度内进行绘制。将已设置的宽度和高度分别减去边框宽度和内边距才能得到内容的宽度和高度

例如：

```
<style>
    div {
        width: 200px;
        height: 200px;
        background: pink;
        padding: 10px;
        margin: 10px;
        border: 2px dashed salmon;
    }
</style>
<div>盒模型计算</div>
```

由于 box-sizing 属性的默认值为 content-box，所以在上述代码中，元素宽度=内容区域宽度（200px）+内边距（左右内边距，20px）+边框宽度（左右边框宽度，4px）= 224px，如图 5-4 所示。

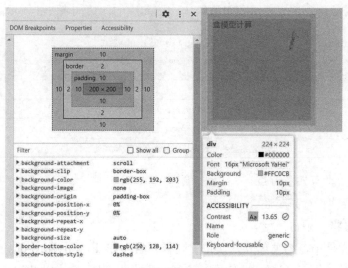

图 5-4   盒模型宽度计算示意图

如果需要计算该元素在页面中所占据的宽度，则需要加上左右外边距，所以该元素在页面中所占据的宽度为 244px。

如果在样式中声明了 box-sizing 属性值为 border-box，则设置的宽度就已经决定了元素的宽度，即盒模型页面的绘制宽度为 200px。盒模型内容区域宽度=元素宽度（200px）-边框宽度（左右边框宽度，4px）-内边距（左右内边距，20px）= 176px，如图 5-5 所示。

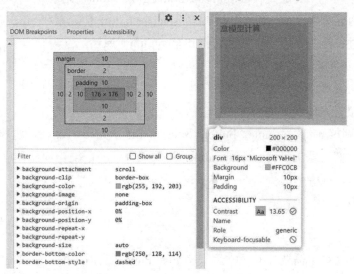

图 5-5   border-box 盒模型内容区域宽度计算示意图

注意，border-box 不包含 margin，如果需要计算该元素在页面中所占据的宽度，则需要加上左右外边距。

（2）display。

display 属性用于定义建立布局时元素生成的显示框类型。我们可以通过 display 属性修改元素的类型或对元素进行显示和隐藏操作。该属性的取值如表 5-5 所示。

表 5-5　display 属性的取值

值	描述
none	此元素不会被显示
block	此元素将显示为块级元素，元素将独占一行
inline	此元素将显示为行内元素，元素将共处一行
inline-block	此元素将显示为行内块级元素，元素将共处一行

① 块级元素具有如下特点。

- 块级元素具有宽高属性。
- 块级元素将会独占一行。

在 HTML 文件中，绝大部分元素属于块级元素，如 div、p、ul、ol、li、dl、dt、dd、form、table、address、article 等。即使不对这些元素进行声明，它们也默认带有 display:block 属性。

② 行内元素具有如下特点。

- 行内元素只能容纳文本或其他行内元素，其宽度和高度由行内元素的内容决定，无法设置 width 属性值和 height 属性值。
- 多个行内元素能够共处一行。
- 行内元素的上下外边距（margin-top 和 margin-bottom）无效。

常见的行内元素有 a、b、em、i、label、span、::before 伪元素和::after 伪元素等。即使不对这些元素进行声明，它们也默认带有 display:inline 属性。

③ 行内块级元素具有如下特点。

- 行内块级元素具有宽高属性。
- 行内块级元素能够共处一行。

常见的行内块级元素有 input、button、img、audio、video、canvas 等。即使不对这些元素进行声明，它们也默认带有 display:inline-block 属性。

1.2　浮动

1. 正常流

在使用浮动之前，需要先对正常流（Normal Flow）有所了解。正常流（也称文档流）是指在不对页面进行任何布局控制时，浏览器默认的布局方式。脱离正常流就是将元素从正常流布局中抽走，让其他盒子在布局定位时将脱离正常流的元素视为不存在。脱离正常流后的元素不再占据文档空间，可以进行自由的布局。浮动、定位等方法都能够使元素脱离正常流。

2. float

（1）float 属性的基础使用方法。

float 属性用于指定一个元素沿其父容器的左侧或右侧放置，允许文本和行内元素环绕它进行布局。该元素会从网页的正常流中被移出，浮于正常流上方。float 属性的取值如表 5-6 所示。

表 5-6 float 属性的取值

值	描述
left	元素向左浮动
right	元素向右浮动
none	默认值。元素不浮动
inherit	从父元素继承 float 属性的值

当对一个元素设置浮动之后，该元素会从正常流中被移出，并向左或向右平移，直到遇到另外一个浮动的元素。例如：

```
<style>
    ul {
        list-style: none;
        /*去除列表默认样式*/
    }
    li {
        width: 100px;
        height: 40px;
        background: orange;
        color: white;
        float: left;
        /*li 元素左浮动*/
        text-align: center;
        /*文本水平居中*/
        line-height: 40px;
        /*文本垂直居中*/
    }
    li:hover {
        background: cornflowerblue;
        /*鼠标指针悬停时呈现深蓝色*/
    }
</style>
<ul>
    <li>网站首页</li>
    <li>关于我们</li>
```

```
        <li>联系我们</li>
    </ul>
```

运行以上代码后，浏览器的显示效果如图 5-6 所示。

网站首页　关于我们　联系我们

图 5-6　通过浮动设计导航栏效果

在上述代码中，我们对 li 元素设置了左浮动，所以 li 元素会依次排列在上一个浮动的 li 元素后面。使用 float 属性的这个特点，用户能够设计导航栏、广告栏等多列布局的网页模块。

（2）高度塌陷。

当对元素设置了浮动而未对父元素设置高度时，就会造成父元素高度塌陷。例如：

```
<style>
    .box {
        width: 100px;
        height: auto;
        padding: 20px;
        background: skyblue;
    }
    .inner {
        width: 100px;
        height: 100px;
        background: pink;
    }
</style>

<div class="box">
    <div class="inner">
    </div>
</div>
```

运行以上代码后，浏览器的显示效果如图 5-7 所示。

图 5-7　正常流中的效果

虽然并未对外层容器（父容器）设置高度，但其高度可由子容器支撑。在子容器样式上添加 float 属性。

```
.inner {
    float: left;
}
```

此时父容器的内容区域高度塌陷为 0，仅由内边距 padding 支撑高度，浏览器的显示效果如图 5-8 所示。

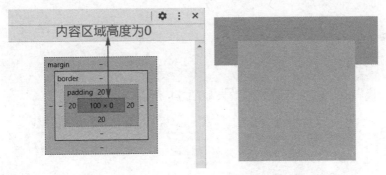

图 5-8　浮动造成的父容器高度塌陷效果

因为子容器浮动，脱离了正常流，不再占用正常流空间，所以无法支撑父容器的高度，父容器高度塌陷为 0。浮动造成的父容器高度塌陷会引起许多问题，如父容器背景无法正常显示，边框无法随内容被撑开等。如何避免上述现象的发生呢？在此就需要学习一下清除浮动的方法。

（3）清除浮动。

为什么要清除浮动呢？从之前的案例中可以发现，浮动虽然为布局提供了极大的便利，但也造成了图 5-8 所示的高度塌陷问题。所以在遇到以上情况时，可以使用如下方法清除浮动。大家可以把清除浮动理解为将元素从浮动图层拉回正常流所在的图层中，这样浮动元素原来的正常流空间将被恢复，自然就不会发生遮挡和高度塌陷问题了。在清除浮动时，通常使用伪元素清除法，即使用::after 伪元素添加空标签，并为该标签设置 clear:both 样式。例如：

```
<style>
    .box {
        width: 200px;
        padding: 20px;
        background: pink;
    }
    .inner {
        width: 200px;
        height: 200px;
        background: skyblue;
        float: left;
    }
    .clearFix::after {
        content: "";
        /*注意使用伪元素时，content 属性不可省略*/
        display: block;
```

```
            /*将伪元素设置为块级元素*/
        clear: both;
    }
</style>
<div class="box clearFix">
    <div class="inner"></div>
</div>
```

运行以上代码后，浏览器的显示效果如图 5-9 所示。

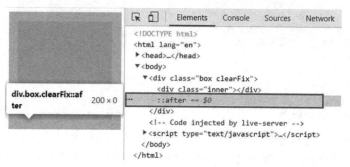

图 5-9　伪元素清除法效果

根据图 5-9 可知，我们通过伪元素在盒模型底部生成了一个::after 空标签，通过 display:block 将该标签设置为块级元素，并使用 clear:both 清除浮动。该方法符合闭合浮动思想，且结构语义正确，是在实际开发中推荐使用的一种方法。

1.3　盒模型的背景属性

在默认情况下，盒模型的背景是透明的，我们可以通过背景属性设置盒模型的背景颜色和背景图像。

1. background-color

该属性用于设置元素的背景颜色，其值为颜色值或关键字。例如：

```
/* 设置背景颜色为红色 */
background-color:red;
```

2. background-image 及 background-repeat

background-image 属性用于为一个元素设置一个或多个背景图像。其语法格式如下：

```
/* URL 地址可以使用相对地址 */
background-image: url("../media/examples/lizard.png");


/* URL 地址也可以使用绝对地址 */
background-image:url("https://www.baidu.com/img/PCtm_d9c8750bed0b3c7d089fa7d55720d6cf.png")
```

在默认情况下，当容器尺寸大于背景图像尺寸时，背景图像会自动向水平和垂直两个方向平铺，填满整个容器。我们可以通过 background-repeat 属性来控制背景图像的平铺方式。background-repeat 属性的取值如表 5-7 所示。

表 5-7　background-repeat 属性的取值

值	描述
repeat	默认值。沿着水平和垂直两个方向平铺
no-repeat	不平铺，图像位于元素左上角，仅显示一次
repeat-x	仅沿水平方向平铺
repeat-y	仅沿垂直方向平铺

在一些情况下，background-repeat 属性可以帮助我们压缩网页体积。例如，设计一张背景图像，效果如图 5-10 所示。

图 5-10　背景图像效果

示例代码如下：

```
<style>
    .box {
        width: 700px;
        height: 400px;
        background-image: url(pic.png);
        background-repeat: repeat;
    }
</style>
<div class="box"></div>
```

运行以上代码后，浏览器的显示效果如图 5-11 所示。

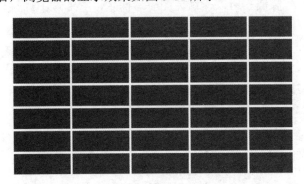

图 5-11　背景图像平铺效果

通过 background-repeat 属性，我们只需使用一张小图像即可完成整个容器或整个网页的背景设计，极大地压缩了网页体积。

需要注意的是，background-image 属性的优先级高于 background-color 属性的优先级，如果同时设置了 background-image 属性和 background-color 属性，将优先显示背景图像。

3. background-position

该属性用于设置背景图像的起始位置。例如：

```
background-position:top 10px right 10px;
```

上述代码表示背景图像的起始位置位于距离元素右上角 10px 的位置，效果如图 5-12 所示。

也可以省略其中某个偏移量值，但省略的偏移量值默认为 0，效果如图 5-13 所示。

```
background-position:top right 40px;
```

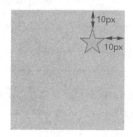

图 5-12　background-position 属性效果（1）　　　图 5-13　background-position 属性效果（2）

图 5-14　精灵图

background-position 属性常用于精灵图的定位。什么是精灵图呢？精灵图的实质就是利用背景图像和背景图像的位置，显示同一张图片上不同位置的图片，如图 5-14 所示。

为什么要使用精灵图呢？因为一张图片的显示需要先由浏览器发送请求，然后由服务器接收请求，并返回请求内容。如果一个页面中有多张小图片，则每张图片都需要经历一次这样的过程。毋庸置疑，这样肯定会因为请求数量的增加而造成整个页面的加载速度降低。所以，精灵图应运而生，它通过图片整合技术，将大量图片整合到一张图片中，从而减少服务器接收和发送请求的次数，提高页面的加载速度。精灵图多用于小尺寸图片的整合，不适合用于大尺寸图片的整合。

例如，使用精灵图设计一个安卓图标的变色效果：

```
<style>
    .icon-android {
        width: 44px;
        /*图标宽度为44px*/
        height: 44px;
        /*图标高度为44px*/
        background-image: url(sprite.png);
        /*设置背景图像*/
        background-repeat: no-repeat;
        /*背景图像不重复*/
        background-position: 0px -96px;
        /*调整精灵图的 y 轴位置，显示灰色安卓图标*/
    }


    .icon-android:hover {
```

```
        background-position: -120px -96px;
        /*调整精灵图的 x 轴和 y 轴位置, 显示绿色安卓图标*/
    }
</style>
<div class="icon-android"></div>
```

运行以上代码后, 浏览器的显示效果如图 5-15 所示。

4. background

background 是一个 CSS 简写属性, 用于一次性集中定义各种背景属性, 包括 background-color、background-position、background-repeat、background-attachment、background-image。每个值之间使用空格分隔, 不分先后顺序, 也可以省略其中一个或多个属性值。

图 5-15　通过精灵图设计安卓图标变色效果

【任务实施】

本任务将综合盒模型及盒模型样式的相关知识进行"产品中心"页面的布局与样式设计, 页面效果如图 5-16 所示。

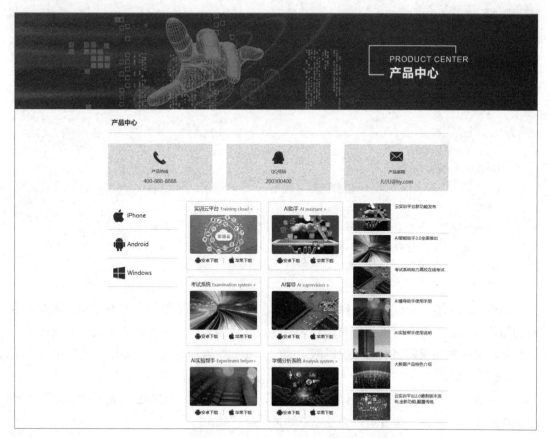

图 5-16　"产品中心"页面效果

（1）在 html 文件夹中新建 product.html 文件，并修改其标题为"产品中心"，用于设计"产品中心"页面。

（2）在 css 文件夹中新建 reset.css 文件，主要用于重置 CSS 默认样式。由于不同浏览器的内核区别，CSS 默认样式重置的作用就是让各个浏览器的 CSS 默认样式有一个统一的标准。在 reset.css 文件中输入如下代码，进行浏览器 CSS 默认样式的重置。

```css
*{

    margin: 0;    /* 设置页面元素的外边距为 0 */
    padding: 0;    /* 设置页面元素的内边距为 0 */
    box-sizing: border-box;    /* 设置页面的盒模型计算模式 */
}


body{
    color: #333;       /*设置网页字体颜色*/
    font-family: 'Microsoft yahei', '宋体', Arial;    /*设置网页字体*/
    line-height:1.5 ;  /*设置文本行高*/
}
a{
    /*设置超链接标签的默认字体颜色和下画线*/
    color: #333;
    text-decoration: none;
}
.fx::after{
    /*使用伪元素清除浮动*/
    content: "";
    display: block;
    clear: both;
}
ul,ol{
    /* 清除无序列表和有序列表的默认样式 */
    list-style: none;
}
```

【拓展】

虽然通过上述方法可以重置样式，但是过于简单粗暴，因为"*"是通配符，需要把所有的标签都遍历一遍，所以当网站比较大、样式比较多时，这种方法会大大增加网站运行的负载，使网站加载需要很长一段时间。因此，在一些较为庞大的网站中，推荐读者使用 normalize.css 插件。

normalize.css 插件是一个很小的 CSS 文件，但它在默认的 HTML 元素样式上提供了跨浏览器的高度一致性。读者可以通过以下地址进行下载。

```
https://necolas.github.io/normalize.css/8.0.1/normalize.css
```

下载完成后，直接通过<link>标签将其引入 HTML 页面中即可。

（3）在 css 文件夹中新建 product.css 文件，用于"产品中心"页面的样式设计，并在 product.html 文件中引入 reset.css 文件和 product.css 文件。

```
<link rel="stylesheet" type="text/css" href="../css/reset.css">
<link rel="stylesheet" type="text/css" href="../css/product.css">
```

项目文件结构如图 5-17 所示。

图 5-17   项目文件结构

（4）在 img 文件夹中放置本任务所需的图片文件，图片文件结构如图 5-18 所示。

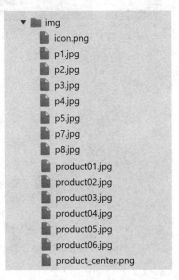

图 5-18   图片文件结构

（5）设计"产品中心"页面的广告栏模块，在 product.html 文件中新建类名为"banner"的 div 容器，并引入广告栏图片。代码如下：

```
<div class="banner">
    <img src="../img/product_center.png">
</div>
```

（6）在 product.css 文件中设置广告栏模块中的图片宽度为100%。

```
.banner img {
    width: 100%;
}
```

（7）新建类名为"container"的主体容器，并设置其宽度为1000px，在网页中水平居中对齐。之后根据图 5-19 对容器进行模块划分，并在 product.html 文件中布局好各个模块。

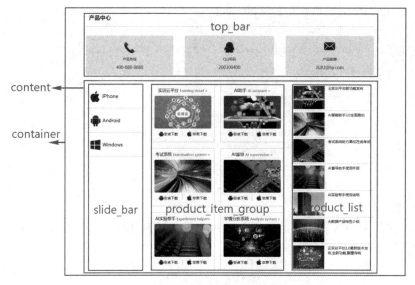

图 5-19　容器的模块划分

示例代码如下：

```
<div class="container">
    <!-- 主体容器 -->
    <div class="top_bar"></div> <!-- 顶栏 -->
    <div class="content fx">
        <!-- 内容区域 -->
        <div class="slide_bar"></div> <!-- 侧栏 -->
        <div class="product_item_group"></div> <!-- 产品栏 -->
        <div class="product_list"></div> <!-- 产品列表 -->
    </div>
</div>
```

（8）对类名为"container"的主体容器进行样式设置。

```
.container {
    /* 主体容器宽度设置 */
    width: 1000px;
    /* 主体容器字体颜色设置 */
    color: #333;
    /* 主体容器居中对齐设置 */
    margin: auto;
}
```

（9）完成整体框架布局之后，我们需要针对页面中的各个模块进行布局设计。顶栏的模块划分可参考图 5-20，在 product.html 文件中输入如下代码，进行各个模块的布局。

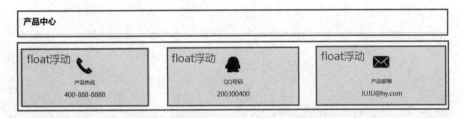

图 5-20 顶栏的模块划分示意图

```
<div class="top_bar">
    <!-- 顶栏标题 -->
    <div class="title">
        <h3>产品中心</h3>
    </div>
    <!-- 联系方式模块 -->
    <!--因为内部"colum"子容器左浮动，所以需要在父容器中添加 fx 公共样式，用于清除浮动-->
    <div class="contact fx">
        <!-- 左浮动的产品热线栏模块 -->
        <div class="column">
            <div class="contact_icon tel"></div>
            <h6>产品热线</h6>
            <p>400-888-8888</p>
        </div>
        <!-- 左浮动的 QQ 号码栏模块 -->
        <div class="column">
            <div class="contact_icon qq"></div>
            <h6>QQ 号码</h6>
            <p>200300400</p>
        </div>
        <!-- 左浮动的产品邮箱栏模块 -->
        <div class="column">
            <div class="contact_icon email"></div>
            <h6>产品邮箱</h6>
            <p>JUJU@hy.com</p>
        </div>
    </div>
</div>
```

（10）在 product.css 文件中设置类名为"title"的容器样式，用于顶栏的标题设计。

```
.title {
    height: 60px;
    border-bottom: 1px solid #ddd;
    /*设置底边框宽度为1px 实线 灰色*/
    margin-bottom: 30px;
    /*底部外边距 30px*/
```

```
    }

    .title h3 {
        color: #444866;
        height: 60px;
        line-height: 60px;
        /* 当 height 值=line-height 值时，单行文本垂直居中对齐*/
        padding-left: 10px;
        /*容器的左侧内边距为 10px*/
    }
```

（11）在 product.css 文件中设置类名为"contact"的联系栏容器样式。

```
    .contact {
        margin-bottom: 30px;
        /*联系栏底部外边距为 30px*/
    }
    .contact .column {
        width: 300px;
        height: 130px;
        cursor: pointer;
        /*鼠标指针移入联系栏子容器时显示为手形*/
        border-radius: 4px;
        /*联系栏子容器圆角宽度为 4px*/
        background: #f2f2f2;
        float: left;
        /*联系栏子容器左浮动*/
        margin-right: 40px;
        /*联系栏子容器右侧外边距为 40px*/
        padding: 20px 0;
        /*联系栏子容器上下内边距为 20px，左右内边距为 0*/
    }
    .contact .column:last-child {
        margin-right: 0;
        /*联系栏最后一个子容器的右侧外边距为 0，防止子容器总宽度超出父容器*/
    }
    .contact h6 {
        font-weight: normal;
        /*设置联系栏子容器中的 h6 元素为非粗体*/
        margin: 8px 0;
    }
    .contact p {
        font-size: 14px;
    }
    .contact p,
```

```
.contact h6 {
    text-align: center;
    /*设置联系栏子容器中的p元素和h6元素字体居中*/
    color: #444866;
}
.contact .column:hover {
    background: #38b774;
    /*当鼠标指针移入容器时，背景为淡绿色*/
}
.contact .column:hover p,
.contact .column:hover h6 {
    color: white;
    /*当鼠标指针移入容器时，容器内的p元素和h6元素字体为白色*/
}
```

（12）在"contact"联系栏子容器中，所有的图标都是通过精灵图设计的。我们可以通过 background-position 属性进行精灵图定位，效果如图 5-21 所示。

```
.contact_icon {
    width: 40px;
    /*设置联系栏子容器图标宽度为40px*/
    height: 40px;
    /*设置联系栏子容器图标高度为40px*/
    background: url(../img/icon.png) no-repeat;
    /*设置联系栏子容器图标背景，且不重复*/
    margin: auto;
    /*设置联系栏子容器图标水平居中对齐*/
}
.tel {
    background-position: 0 -684px;
    /*设置联系栏子容器图标的精灵图定位*/
}
.qq {
    background-position: 0 -753px;
}
.email {
    background-position: 0 -826px;
}
.contact .column:hover .tel {
    background-position: -44px -684px;
    /*设置鼠标指针移入联系栏子容器图标时的精灵图定位*/
}
.contact .column:hover .qq {
    background-position: -44px -753px;
}
```

```
.contact .column:hover .email {
    background-position: -44px -826px;
}
```

图 5-21　精灵图定位效果（1）

（13）内容区域可被划分为 3 个模块，下面先对左侧的侧边栏导航模块（见图 5-19）进行设计。

在 product.html 文件中输入如下代码：

```
<div class="slide_bar">
    <ul>
        <li>
            <a href="#">
                <i class="dev_icon apple"></i>
                <span>iPhone</span>
            </a>
        </li>
        <li>
            <a href="#">
                <i class="dev_icon android"></i>
                <span>Android</span>
            </a>
        </li>
        <li>
            <a href="#">
                <i class="dev_icon windows"></i>
                <span>Windows</span>
            </a>
        </li>
    </ul>
</div>
```

（14）在 product.css 文件中对侧边栏进行样式设置。

```
.slide_bar {
    width: 200px;
    float: left;
    /*设置侧边栏左浮动*/
}
```

```
.slide_bar li {
    height: 80px;
    /*设置侧边栏导航按钮宽度*/
    line-height: 80px;
    /*设置侧边栏导航按钮高度*/
    border-bottom: 1px solid #ddd;
    /*设置侧边栏导航按钮底边框样式*/
    padding-left: 15px;
}
.slide_bar li:hover {
    background: #38b774;
    /*设置鼠标指针移入侧边栏导航按钮时背景为淡绿色*/
}
.slide_bar li:hover span {
    color: white;
    /*设置鼠标指针移入侧边栏导航按钮时文字为白色*/
}
```

（15）侧边栏的导航按钮同样通过精灵图进行设计，定位效果如图 5-22 所示。

```
.dev_icon {
    width: 36px;
    /*设置侧边栏导航图标宽度*/
    height: 36px;
    /*设置侧边栏导航图标高度*/
    background: url(../img/icon.png) no-repeat;
    /*设置侧边栏导航图标的精灵图背景*/
    display: inline-block;
    vertical-align: middle;
}

.apple {
    background-position: 0 0;
    /*设置侧边栏导航图标的精灵图定位*/
}
.android {
    background-position: 0 -100px;
}
.windows {
    background-position: 0 -400px;
}
.slide_bar li:hover .apple {
    background-position: -245px 0;
    /*设置鼠标指针移入侧边栏导航按钮图标时的精灵图定位*/
```

```
}
.slide_bar li:hover .android {
    background-position: -245px -100px;
}
.slide_bar li:hover .windows {
    background-position: -245px -400px;
}
```

图 5-22　精灵图定位效果（2）

（16）完成侧边栏的设计之后，针对内容区域中间部分进行布局设计。

在 product.html 文件中输入如下代码：

```
<div class="product_item_group">
    <div class="product_item"></div>    <!-- 产品项 -->
    <div class="product_item"></div>    <!-- 产品项 -->
    <div class="product_item"></div>    <!-- 产品项 -->
    <div class="product_item"></div>    <!-- 产品项 -->
    <div class="product_item"></div>    <!-- 产品项 -->
    <div class="product_item"></div>    <!-- 产品项 -->
</div>
```

（17）设置每个产品项的大小、圆角、边框等属性，并将其设置为左浮动，在 product.css
文件中设置对应样式。

```
.product_item {
    width: 215px;
    height: 192px;
    border-radius: 4px;
    border: 1px solid #ddd;
    float: left;
    margin-bottom: 20px;
    padding: 10px;
    font-size: 14px;
}
```

（18）通过 CSS3 的结构选择器设置第偶数个产品项容器距离左侧的外边距为 20px，得
到如图 5-23 所示的效果。

```
.product_item_group .product_item:nth-child(2n) {
    margin-left: 20px;
}
```

图 5-23　产品项容器外边距设置效果

（19）产品项容器的布局可分为"标题""产品项图片""产品下载选项"模块，如图 5-24 所示。

图 5-24　产品项容器的布局划分

具体代码如下：

```
<!-- 产品项 -->
<div class="product_item">
    <p>实训云平台 <span>Training cloud &gt</span> </p> <!-- 标题栏 -->
    <img src="../img/product01.jpg"> <!-- 图片栏 -->
    <div class="download">
        <!-- 安卓下载选项 -->
        <div class="download_item">
            <a href="#">
                <div class="download_icon android_icon"></div> <span>安卓下载</span>
            </a>
        </div>


        <!-- 苹果下载选项 -->
```

```
        <div class="download_item">
            <a href="#">
                <div class="download_icon"></div><span>苹果下载</span>
            </a>
        </div>
    </div>
</div>
```

（20）设置产品项标题、产品项图片和产品下载选项的样式。

```css
.product_item p {
    /* 产品项标题样式 */
    text-align: center;
    margin-bottom: 8px;
}

.product_item p span {
    /* 产品项英文小标题样式 */
    color: #38b774;
    font-size: 12px;
}
.product_item img {
    /* 产品项图片样式 */
    width: 100%;
    border-radius: 4px;
}
.download {
    /* 产品下载选项列表样式 */
    font-size: 12px;
    margin-top: 8px;
}
.download_item {
    /* 产品下载选项样式 */
    float: left;
    width: 50%;
    text-align: center;
}
.download .download_item:nth-child(1) {
    /* 产品下载选项分割线 */
    border-right: 1px solid #ddd;
}
```

（21）使用精灵图设置产品下载选项的图标样式。至此，我们完成了内容区域中间部分的布局。

```css
.download_icon {
```

```
    width: 18px;
    height: 18px;
    background: url(../img/icon.png) no-repeat;
    margin-right: 2px;
    background-size: 139px 450px;
    display: inline-block;
    vertical-align: bottom;
}


.android_icon {
    background-position: 0 -48px;
}
```

（22）可以对内容区域右侧的列表模块部分采用无序列表结构进行布局。

```
<div class="product_list">
    <ul>
            <li></li>  <!-- 产品新闻列表 -->
            <li></li>  <!-- 产品新闻列表 -->
            <li></li>  <!-- 产品新闻列表 -->
            <li></li>  <!-- 产品新闻列表 -->
            <li></li>  <!-- 产品新闻列表 -->
            <li></li>  <!-- 产品新闻列表 -->
            <li></li>  <!-- 产品新闻列表 -->
    </ul>
</div>
```

（23）在 product.css 文件中设置产品新闻列表的样式，并添加鼠标指针悬停时的伪类效果。

```
.product_list ul li {
    padding: 6px;
    height: 88px;
    border-bottom: 1px solid #ddd;
    font-size: 12px;
    line-height: 16px;
    overflow: hidden;
}


.product_list ul li:hover {
    background: #dcdcdc;
}
```

（24）为产品新闻列表设置布局标签及样式。

```
<li>
    <a href="#">
        <img src="../img/p1.jpg">
```

```
            <span>云实训平台新功能发布 </span>
        </a>
    </li>
    <li>
        <a href="#">
            <img src="../img/p2.jpg">
            <span>AI 智能助手 3.0 全面推出</span>
        </a>
    </li>
    ......
```

（25）产品新闻图片及文字样式如下。至此，我们完成了"产品中心"页面的布局与样式设计。

```
/* 因为<img>标签为行内块级元素，<span>标签也被转换为行内块级元素，所以不需要设置 float 属性 */
.product_list ul li img {
    vertical-align: top;
    width: 115px;
    height: 77px;
    padding-right: 8px;
}
.product_list ul li span {
    display: inline-block;
    width: 145px;
}
```

在本任务中，我们学习了盒模型及盒模型布局技巧，同时讲解了浮动、清除浮动及精灵图的使用方法。通过本任务的学习，读者能够对网页布局有更深入的了解，并独立完成具有一定复杂度的页面布局工作。

【任务拓展】

请读者根据本任务所学内容，对之前所设计的页面进行样式美化。

【练习与思考】

1. 单选题

（1）W3C 标准的盒模型（默认）的宽度和高度指的是（   ）。

A．内容区域的宽度和高度

B．内容区域的宽度和高度加上内边距

C．内容区域的宽度和高度加上内边距和边框宽度

D．内容区域的宽度和高度加上内边距、边框宽度、外边距

（2）一个精灵图包含多个小图标，将精灵图设置为背景图像后，可以使用 CSS 属性中的（　　）属性控制要显示的图标。

A．background-position B．background-size

C．background-repeat D．background-clip

（3）CSS 定义"#total{width:400px；border:1px black solid；}#d1,#d2,#d3{width:100px;height:100px; margin:10px;background:red；}#d1,#d2,#d3{float:left；}"中的 d1、d2、d3 都是 total 的子元素并且按顺序排列，下列说法中正确的是（　　）。

A．total 盒模型的高度是 2px B．total 盒模型的高度是 122px

C．total 盒模型的高度是 232px D．total 盒模型的高度不可知

2．多选题

（1）下列对盒模型的描述中不正确的是（　　）。

A．一个盒模型由外边距、边框宽度、内边距和内容区域 4 部分组成

B．盒模型的填充、边框宽度、边距的定义都可以按上、下、右、左 4 个方向进行

C．在默认情况下，CSS 定义盒模型的宽度和高度时，实际上定义的是内容区域的宽度和高度

D．在默认情况下，盒模型的宽度是内容区域的宽度加上左右内边距、左右边域和左右外边距

（2）border-box（IE 标准）盒模型的 width 和 height 包含的要素有（　　）。

A．padding B．margin

C．border D．盒模型内容区域的宽度和高度

（3）对浮动的理解正确的是（　　）。

A．浮动后的元素脱离了正常流

B．浮动后的元素可能会遮挡未浮动的元素

C．浮动后的元素可能会导致其父元素的高度为 0

D．可以使用浮动技术准确定位元素位置

3．判断题

（1）控制盒模型尺寸是 W3C 标准还是 IE 标准的 CSS 属性是 box-sizing。　（　　）

（2）及时清除浮动可以避免浮动元素的父元素发生高度塌陷问题。　（　　）

（3）使用精灵图可以减轻网络请求负担。　（　　）

模块 6

企业官网首页设计

本模块介绍 HTML5 新增的语义化标签，以及 CSS3 新增的渐变、阴影和滤镜等属性的使用方法，并结合相关知识设计企业官网首页。

 知识目标

掌握 HTML5 新增的语义化标签及其使用方法；
掌握 CSS3 盒模型中设置背景颜色渐变、阴影和滤镜的方法。

模块 6 微课

 技能目标

能够正确使用 HTML5 新增的语义化标签，搭建复杂 Web 页面的框架结构；
能够合理使用 CSS3 盒模型特效属性。

 项目背景

HTML5 中推出了很多语义化标签，所谓语义化，就是标签本身能够表达出展示的内容。语义化标签具有丰富的含义，方便开发与维护，也方便搜索引擎识别页面结构，有利于搜索引擎优化。本模块将利用 HTML5 新增的语义化标签，将页面划分为不同的区域模块，如头部模块、主体内容模块、页脚模块等，同时利用 CSS3 新增的渐变、阴影等属性设置丰富的展示效果，完成企业官网首页的结构搭建，以及导航栏与底部栏的设计。

 任务规划

本模块将完成企业官网首页的结构搭建，以及导航栏与底部栏的设计。

任务 1 企业官网首页结构搭建

【任务概述】

本任务通过讲解 HTML5 新增语义化标签的属性，帮助读者掌握这些标签的正确使用方法，并使用这些标签搭建企业官网首页结构。

【知识准备】

1．<header>标签

<header>标签用于定义一个页面或一个区域的头部。它可以包含一些其他标签，以及网页标题、搜索框等内容。例如，一个典型的<header>标签区域如图 6-1 所示。

图 6-1 一个典型的<header>标签区域

2．<main>标签

<main>标签用于规定文档的主体内容。<main>标签中的内容对于文档来说应当是唯一的，不应包含在文档中重复出现的内容。在一个文档中，不能出现一个以上的<main>标签。<main>标签不能是<article>、<aside>、<footer>、<header>、<nav>标签的后代。例如：

```
<style>
    header.page-header {
    background: url(header_bg.jpg) no-repeat;
    background-size: cover;
    height: 120px;
    min-width: 120px;
    border: 1px solid #efefef;
    padding-left: 10px;
}
header.page-header > h1 {
    font-weight: bold;
    color:yellow
}
</style>

<header class="page-header">
    <h1>犬科哺乳动物</h1>
</header>
<main>
```

```
    <p>
        洋葱和大葱含有二硫化物，对人无害，却会造成狗的红细胞氧化，可能引发狗的溶血性贫血和血尿。
即使将其加热，也不能破坏其中的有害物质，所以不要给狗喂加了洋葱和大葱的食物。
    </p>
</main>
```

运行以上代码后，浏览器的显示效果如图 6-2 所示。

图 6-2 <header>、<main>标签效果

3. <footer>标签

<footer>标签用于定义文档或节的页脚。<footer>标签中应当有其包含元素的信息，如文档的作者、版权信息、使用条款链接、联系信息等。用户可以在一个文档中使用多个<footer>标签。例如：

```
<style>
    body {margin: 0;}
    header,footer {
        background-color: #45a1ff;
        color: #fff;
        height: 60px;
        position: fixed;
        width: 100%;
        text-align: center;
        line-height: 60px;
        font-size: 24px;
    }
    main {
        line-height: 2;
        padding-top: 60px;
    }
    header {top: 0;}
    footer {bottom: 0; }
</style>

<header>前端学习建议</header>
<main>
    <ol>
```

```
        <li>快速掌握 HTML、CSS 基础知识</li>
        <li>制作大量的静态页面</li>
        <li>深入学习 JavaScript</li>
    </ol>
</main>
<footer> © 2022 Tom</footer>
```

运行以上代码后，浏览器的显示效果如图 6-3 所示。

图 6-3 <header>、<main>、<footer>标签效果

4. <address>标签

<address>标签主要用于提供联系信息，<address>标签通常连同其他信息被包含在
<footer>标签中。例如：

```
<style>
    body{margin: 0;}
    footer{
        background: #2e2e2e;
        width: 100%;
        height: 50px;
        position: fixed;
        bottom: 0;
    }
    a{color: white;text-decoration: none; font-size: 14px;}
    a:hover{color: yellow;}
    address{
        float: right;
        margin-right: 10%;
    }
    a[href^="mailto"]::before {content: ""}
    a[href^="tel"]::before {content: ""}
</style>
```

```
<footer>
    <address>
        <a href="mailto:jim@sin.com">jim@sin.com</a><br>
        <a href="tel:+13115552368">(311) 555-2368</a>
    </address>
</footer>
```

运行以上代码后，浏览器的显示效果如图 6-4 所示。

图 6-4　<address>标签效果

5．<section>标签

<section>标签用于定义文档中的节、区段，如章节、页眉、页脚或文档中的其他部分，一般而言会包含一个标题。例如：

```
<h1>挑选水果</h1>
<section>
    <h2>介绍</h2>
    <p>本文档主要介绍如何挑选优质的水果</p>
</section>
<section>
    <h2>挑选标准</h2>
    <p>挑选水果时，有许多不同的标准需要考虑，如大小、颜色、硬度、甜味、酸度……</p>
</section>
```

6．<article>标签

<article>标签用于定义文档内的独立文章或内容，可以是一个论坛帖子，可以是一篇新闻报道，也可以是一条用户评论。只要是一篇独立的文档内容，就可以使用该标签。<article>标签可以嵌套使用。例如：

```
<style>
    .forecast {
        margin: 0;
        padding: 10px;
        background-color: #eee;
    }
    .forecast>h1,
    .day-forecast {
        margin: 15px;
        padding: 10px;
        font-size:18px;
    }
    .day-forecast {
```

```
        background: right/contain content-box border-box no-repeat url('rain.png')
white;
    }
    .day-forecast>h2,
    .day-forecast>p {
        margin:10px;
        font-size: 14px;
    }
</style>
<article class="forecast">
    <h1>天气预报</h1>
    <article class="day-forecast">
        <h2>5 月 1 日</h2>
        <p>天气：雨</p>
    </article>
    <article class="day-forecast">
        <h2>5 月 2 日</h2>
        <p>天气：雨</p>
    </article>
    <article class="day-forecast">
        <h2>5 月 3 日</h2>
        <p>天气：雨</p>
    </article>
</article>
```

运行以上代码后，浏览器的显示效果如图 6-5 所示。

图 6-5　<article>标签效果（1）

在<article>标签中，可以使用<header>、<footer>、<section>等标签将一篇独立的文档内容分成若干块。例如：

```
<style>
    .note header{
        border-bottom: 2px solid #efefef;
```

```
    }
    .note section{
        border:  1px solid #efefef;
        margin: 10px 0;
        padding: 10px;
        background: #eee;
    }
    .note footer{
        text-align: right;
        font-style: oblique;
    }
</style>


<article class="note">
    <header>
        <h2>阿林的 HTML 学习笔记</h2>
    </header>
    <section>
        <p>超文本标记语言（HyperText Markup Language，HTML）是一种用于创建网页的标准标记语
言。HTML 是一种基础技术，常与 CSS、JavaScript 一起被众多网站用于设计网页、网页应用程序及移动应用程序
的用户界面 。</p>
    </section>
    <footer>
        <p>
            记录于
            <time>2022-5-1</time>
        </p>
    </footer>
</article>
```

运行以上代码后，浏览器的显示效果如图 6-6 所示。

图 6-6   <article>标签效果（2）

7. <nav>标签

<nav>标签用于定义页面上的导航链接部分，如顶部导航、底部导航、侧边导航等。
例如：

```
<style>
    body{
        margin: 0;
    }
    header {
        height: 100px;
        background: #eee;
        color: white;
        margin-bottom: 20px;
    }
    nav {
        line-height: 100px;
        padding-left: 10px;
    }
    a {
        text-decoration: none;
        margin-right: 15px;
        color: #333;
    }
    a:hover{
        color: tomato;
    }
</style>
<header>
    <nav>
        <a href="#">首页</a>
        <a href="#">散文</a>
        <a href="#">生活</a>
        <a href="#">留言板</a>
        <a href="#">关于</a>
    </nav>
</header>
```

运行以上代码后，浏览器的显示效果如图 6-7 所示。

首页　散文　生活　留言板　关于

图 6-7　<nav>标签效果

8. <aside>标签

<aside>标签通常用于定义侧边栏或标注框。例如：

```
<style>
    aside {
```

```
            width: 40%;

            padding-left:8px;

            margin-left: 8px;

            float: right;

            box-shadow: inset 5px 0 5px -5px #29627e;

            font-style: italic;

            color: #29627e;

        }

        aside>p {

            margin:8px;

        }

</style>

<p>猫科动物：哺乳纲、食肉目、猫科动物下的动物。分为两种亚科，即猫亚科和豹亚科。共有 14 属 38 种。</p>
<aside>
    <p>狮子、老虎等猛兽也属于猫科动物。</p>
</aside>
<p>猫科动物多数善攀缘及跳跃。大多喜独居。常以伏击方式捕杀其他温血动物。</p>
```

运行以上代码后，浏览器的显示效果如图 6-8 所示。

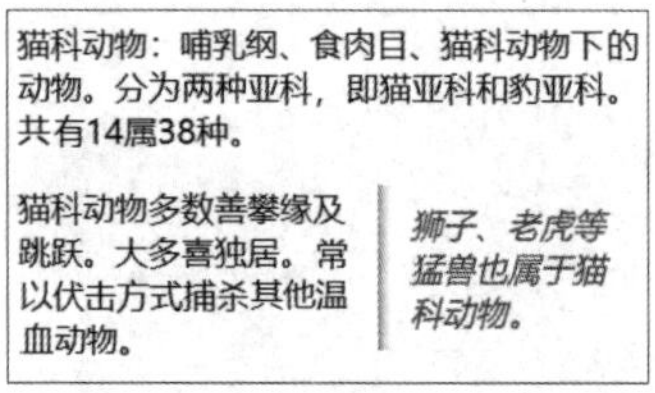

图 6-8　<aside>标签效果

9．<hgroup>标签

<hgroup>标签用于对多个<h1>～<h6>标签进行组合，一般用来展示标题的多个层级或副标题。

示例代码：

```
<hgroup>
    <h1>Web 基础开发</h1>
    <h2>HTML5+CSS3 项目实战</h2>
</hgroup>
```

图 6-9　<hgroup>标签效果

运行以上代码后，浏览器的显示效果如图 6-9 所示。

10．<figure>标签

<figure>标签用于定义一段独立的流内容，<figure>标签的内容应该与主要内容相关，但如果其被删除，也不会对正常流产生影响。该标签经常与<figcaption>标签配合使用。

<figcaption>标签表示与其关联引用的说明或标题，用于描述其父标签<figure>中的数据内容。

示例代码如下：

```
<style>
    figure {
        border: thin #c0c0c0 solid;
        max-width: 350px;
        margin: auto;
    }

    figure img {
        width: 100%;
        display: block;
    }
    figcaption {
        background-color: #222;
        color: #fff;
        padding: 3px;
        text-align: center;
    }
</style>
<p>
    榕树：大乔木，高达 15～25 米，胸径达 50 厘米，冠幅广展；老树常有锈褐色气根。树皮呈深灰色。榕果
成对腋生或生于已落叶枝叶腋，成熟时呈黄色或微红色，扁球形。
</p>
<figure>
    <img src="tree.png" alt="榕树图片">
    <figcaption>榕树</figcaption>
</figure>
```

运行以上代码后，浏览器的显示效果如图 6-10 所示。

图 6-10　<figure>标签效果

【任务实施】

根据图 6-11 进行企业官网首页结构搭建。

图 6-11　企业官网首页效果

（1）在 css 文件夹中新建 layout.css 文件，用于设计企业官网首页的布局结构，并在企业官网首页中引入 reset.css 和 layout.css 文件。

```
<head>
    <meta charset="UTF-8">
    <meta http-equiv="X-UA-Compatible" content="IE=edge">
    <meta name="viewport" content="width=device-width, initial-scale=1.0">
    <title>巨巨网络科技有限公司</title>
    <link rel="stylesheet" href="css/reset.css">
    <link rel="stylesheet" href="css/layout.css">
</head>
```

（2）根据图 6-11，由上而下将首页划分为顶部栏、广告栏、主体区域（产品栏、内容栏）、底部栏，并进行布局结构代码的书写。

```
<body>
    <!-- 顶部栏 -->
    <header></header>
```

```
<!-- 广告栏 -->
<div class="banner"></div>

<!-- 主体区域 -->
<main>
    <!-- 产品栏 -->
    <div class="product"></div>

    <!-- 内容栏 -->
    <div class="content">
        <!-- 新闻列表 -->
        <div>
            <article>
                <header></header>
                <section></section>
            </article>
        </div>
        <!-- 招聘信息 -->
        <div>
            <article>
                <header></header>
                <section></section>
            </article>
        </div>
    </div>
</main>

<!-- 底部栏 -->
<footer></footer>
</body>
```

【任务拓展】

请思考<article>和<section>标签有何区别，它们分别适用于哪些不同场景。

任务 2 企业官网首页导航栏与底部栏设计

【任务概述】

本任务通过 CSS3 盒模型背景颜色渐变、盒模型特效的学习，掌握 CSS3 对盒模型的高级美化效果，并使用 HTML5 新增语义化标签、CSS3 新属性设计企业官网首页导航栏与底部栏。

【知识准备】

2.1 盒模型背景颜色渐变

在 CSS3 之前的版本中，如果需要添加渐变效果，则通常需要设置背景图像。而 CSS3 中增加了渐变属性，可以轻松实现渐变效果。CSS3 的渐变属性主要包括线性渐变、径向渐变和重复渐变。

1. 线性渐变

线性渐变，指的是起始颜色沿着一条直线按顺序过渡到结束颜色。其基本语法格式如下：

```
background-image:linear-gradient(渐变角度,颜色值1,颜色值2,…,颜色值n);
```

线性渐变的参数及取值说明如表 6-1 所示。

表 6-1 线性渐变的参数及取值说明

参数	取值说明	
渐变角度	指水平线和渐变线之间的夹角	
	30deg	以 deg 为单位的角度数值
	to left	从右到左，等同于-90deg
	to right	从左到右，等同于 90deg
	to top	从下到上，等同于 0deg
	to bottom	从上到下，等同于 180deg
颜色值	用于设置渐变颜色，其中"颜色值 1"表示起始颜色，"颜色值 n"表示结束颜色，起始颜色和结束颜色之间可以有多个颜色，之间用","隔开。每个颜色值后面可以书写一个百分比数值，用于表示颜色渐变的位置	

下面通过一个案例对线性渐变进行演示，代码如下，效果如图 6-12 所示。

```
<style>
    div {
        width: 200px;
        height: 100px;
        background-image:linear-gradient(30deg, #f00, #00f);
    }
</style>
<div> </div>
```

图 6-12 线性渐变效果

2. 径向渐变

径向渐变，指的是起始颜色从一个中心点开始，按照椭圆形或圆形形状进行扩张，渐变到结束颜色。其基本语法格式如下：

```
background-image:radial-gradient(渐变形状 圆心位置,颜色值1,颜色值2,…,颜色值n);
```

　　下面我们运用径向渐变制作一个渐变圆形，代码如下，效果如图 6-13 所示。

```
<style>
    div {
        width: 200px;
        height: 200px;
        border-radius: 50%;
        background-image: radial-gradient(circle at center, #f00, #00f);
    }
</style>


<div> </div>
```

图 6-13　径向渐变效果

3. 重复渐变

　　重复渐变是指重复使用渐变效果，包括重复线性渐变和重复径向渐变，其基本语法格式如下，其中各个颜色值后面可以使用百分比定义位置。

　　重复线性渐变：

```
background-image:repeating-linear-gradient(渐变角度,颜色值1,颜色值2,…,颜色值n);
```

　　重复径向渐变：

```
background-image:repeating-radial-gradient(渐变形状 圆心位置,颜色值1,颜色值2,…,颜色值n);
```

　　重复渐变示例代码如下，效果如图 6-14 所示。

```
<style>
    div{
        float: left;
        margin-right: 10px;
    }
    .div1{
        width: 200px;
        height: 200px;
        background-image: repeating-linear-gradient(to bottom,#0f0 10%,#f00 15%);
    }
    .div2{
        width: 200px;
        height: 200px;
```

```
        border-radius: 50%;
        background-image: repeating-radial-gradient(circle at center,#0f0 10%,#f00 15%);
    }
</style>


<div class="div1"></div>
<div class="div2"></div>
```

图 6-14　重复渐变效果

2.2　盒模型特效

1．盒模型阴影

使用 CSS3 中新增的阴影属性可以轻松实现阴影的添加，基本语法格式如下：

```
box-shadow:h-shadow v-shadow blur spread color outset;
```

阴影属性的参数及取值说明如表 6-2 所示。

表 6-2　阴影属性的参数及取值说明

参数	取值说明
h-shadow	必选项。水平阴影位置，允许为负值
v-shadow	必选项。垂直阴影位置，允许为负值
blur	阴影模糊半径
spread	阴影扩展半径，不能为负值
color	阴影颜色
outset/inset	默认为外阴影/内阴影

每个盒模型可以同时添加多种阴影效果，中间使用","隔开，示例代码如下，效果如图 6-15 所示。

```
<style>
    div {
        padding: 20px;
        box-shadow:
            inset 0 -48px 48px rgba(0, 0, 0, 0.1),
            0 0 0 2px white,
            5px 5px 10px rgba(0, 0, 0, 0.3);
```

```
        }
    </style>

    <div>当我们遇到逆风行舟的时候，调整航向迂回行驶就可以了；但是，当海面上波涛汹涌，而我们想停在原
地的时候，那就要抛锚。当心啊，年轻的舵手，别让你的缆绳松了，别让你的船锚动摇，不要在你没有发觉以前，就
让船漂走了。——卢梭 </div>
```

> 当我们遇到逆风行舟的时候，调整航向迂回行驶就可以了；但是，当海面上波涛
> 汹涌，而我们想停在原地的时候，那就要抛锚。当心啊，年轻的舵手，别让你的
> 缆绳松了，别让你的船锚动摇，不要在你没有发觉以前，就让船漂走了。
> ——卢梭

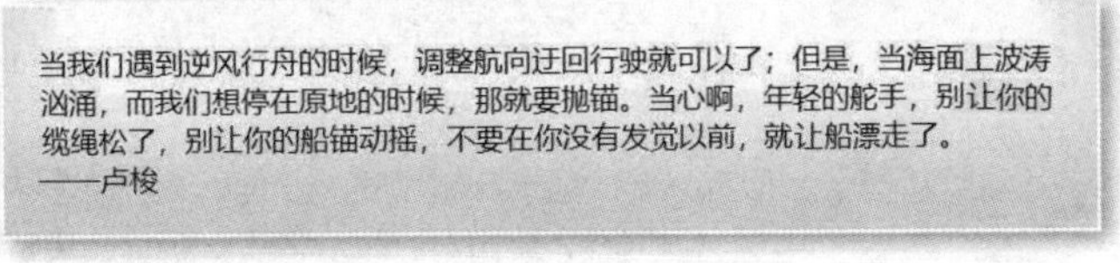

图 6-15　盒模型阴影效果

2. 盒模型滤镜

CSS3 的 filter 属性用于定义元素（通常是 img 图片）的可视效果（如模糊与饱和度）。其基本语法格式如下：

```
filter:none | blur() | brightness() | contrast() | drop-shadow() | grayscale() |
hue-rotate() | invert() | opacity() | saturate() | sepia() | url();
```

filter 属性的参数及取值说明如表 6-3 所示。

表 6-3　filter 属性的参数及取值说明

参数	取值说明
none	默认值，没有效果
blur(px)	模糊度，数值越大越模糊
brightness(%)	给图片应用一种线性乘法，使其看起来更亮或更暗。若该值是 0，则图像会全黑；若该值是 100%，则图像无变化。其他值则表示效果的线性乘子。该值可以超过 100%，图像会比原来更亮。如果没有设定该值，则该值默认是 100%
contrast(%)	调整图像的对比度。若该值是 0，则图像会全黑。若该值是 100%，则图像不变。该值可以超过 100%，意味着会使用更低的对比度。若没有设置该值，则该值默认是 100%
drop-shadow(h-shadow v-shadow blur spread color)	给图像设置一个阴影效果。阴影是合成在图像下面的，可以有模糊度
grayscale(%)	将图像转换为灰度图像。该值定义了转换的比例。若该值为 100%，则完全转换为灰度图像；若该值为 0，则图像无变化。若该值为 0～100%，则表示效果的线性乘子。若未设置该值，则该值默认是 0
hue-rotate(deg)	给图像应用色相旋转。若该值为 0，则图像无变化。若未设置该值，则该值默认是 0。该值虽然没有最大值，但超过 360deg 的值相当于又绕了一圈
invert(%)	反转输入图像。该值定义了反转的比例。若该值为 100%，则表示图像完全反转；若该值为 0，则图像无变化。若该值为 0～100%，则表示效果的线性乘子。若未设置该值，则该值默认是 0

参数	取值说明
opacity(%)	转换图像的透明程度。该值定义了转换的比例。若该值为 0,则图像是完全透明的;若该值为 100%,则图像无变化。若该值为 0～100%,则表示效果的线性乘子。若未设置该值,则该值默认是 100%
saturate(%)	转换图像饱和度。该值定义了转换的比例。若该值为 0,则图像完全不饱和;若该值为 100%,则图像无变化。其他值则表示效果的线性乘子。该值可以超过 100%,图像会有更高的饱和度。若未设置该值,则该值默认是 100%
sepia(%)	将图像转换为深褐色。该值定义了转换的比例。若该值为 100%,则图像完全是深褐色的;若该值为 0,则图像无变化。若该值为 0～100%,则表示效果的线性乘子。若未设置该值,则该值默认是 0
url()	url()函数接收一个 XML 文件,该文件设置了一个 SVG 滤镜,且可以包含一个锚点,用来指定一个具体的滤镜元素

下面举例说明 filter 属性的使用方法,效果如图 6-16 所示。

```
<style>
    img {filter: blur(30px);}
</style>


<img src="candy.jpeg" alt="candy" >
```

图 6-16　模糊滤镜效果

【实用技巧】

使用 blur 参数时需要注意的是,模糊图片的边缘会出现虚化的效果。在实际使用中,可以通过一些小技巧来规避这种效果。接下来我们以一个毛玻璃背景效果的设计案例来说明其具体使用方法,效果如图 6-17 所示。

```
<style>
    .box{
        position: relative;
        width: 350px;
        height: 262px;
        border-radius: 8px;
        padding: 15px;
```

```
        box-sizing: border-box;
        overflow: hidden;
    }
    .text{
        position: absolute;
        z-index: 999;
        color: white;
        line-height: 2;
    }
    .candy_bg{
        position: absolute;
        z-index: 990;
      /* 适当放大图片容器，让边缘的虚化效果出现在父容器的外侧，同时对超出父容器的部分进行隐藏 */
        width: 110%;
        left: 50%;
        top: 50%;
        transform: translate(-50%,-50%);
        filter: blur(24px) brightness(0.8);
    }
    .candy_bg img{
        width: 100%;
    }
</style>

<div class="box">
    <p class="text">糖果可分为硬质糖果、硬质夹心糖果、乳脂糖果、凝胶糖果、抛光糖果、胶基糖果、
充气糖果和压片糖果等。其中硬质糖果是以白砂糖、淀粉糖浆为主料的一类口感硬、脆的糖果；硬质夹心糖果是糖果
中含有馅心的硬质糖果。</p>
    <div class="candy_bg">
        <img src="candy.jpeg" alt="candy">
    </div>
</div>
```

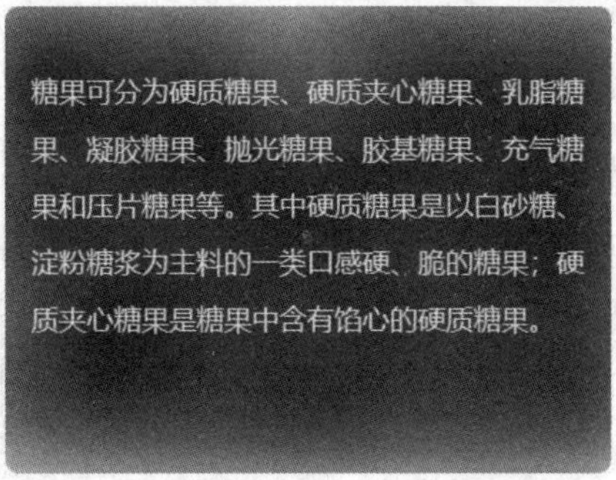

图 6-17　毛玻璃背景效果

3. 混合模式

mix-blend-mode 属性的作用是让元素内容和这个元素的背景发生"混合",产生各种效果,其基本语法格式如下:

```
mix-blend-mode :normal | multiply | screen | overlay | darken | lighten | color-
dodge | color-burn | hard-light | soft-light | difference | exclusion | hue |
saturation | color | luminosity;
```

mix-blend-mode 属性的参数及说明如表 6-4 所示。

表 6-4　mix-blend-mode 属性的参数及说明

参数	说明	参数	说明
normal	正常	hard-light	强光
multiply	正片叠底	soft-light	柔光
screen	滤色	difference	差值
overlay	叠加	exclusion	排除
darken	变暗	hue	色相
lighten	变亮	saturation	饱和度
color-dodge	颜色减淡	color	颜色
color-burn	颜色加深	luminosity	亮度

下面设计一个图片水印效果,用来说明 mix-blend-mode 属性的使用方法,效果如图 6-18 所示。

```html
<style>
    .box {
        position: relative;
        width: 478px;
    }
    h2 {
        position: absolute;
        left: 50%;
        top: 20%;
        transform: translateX(-50%) rotate(-30deg);
        font-size: 36px;
        color: blue;
        mix-blend-mode: soft-light;
    }
</style>
<div class="box">
    <h2>中国联合航空</h2>
    <img src="plane.png" alt="plane">
</div>
```

图 6-18　混合模式的图片水印效果

【任务实施】

完成企业官网首页导航栏与底部栏（见图 6-11）设计。

（1）打开 index.html 文件，在顶部栏的<header>区域中插入导航栏。将导航栏分为 Logo 区域、页面导航区域和语言切换区域，并进行相应的布局设计。

```
<header id="top" class="header_bar">
    <div class="navbar">
        <!-- Logo 区域 -->
        <a class="logo" href="index.html"></a>
        <!-- 页面导航区域 -->
        <nav></nav>
        <!-- 语言切换区域-->
        <div class="changeLang"> </div>
    </div>
</header>
```

（2）在 Logo 区域使用<img>标签插入 Logo 图片，在页面导航区域、语言切换区域使用<a>标签布局导航条目及语言切换按钮。

```
<header  id="top"  class="header_bar">
    <div class="navbar">
        <!-- Logo 区域 -->
        <a class="Logo" href="index.html">
            <img src="img/logo.png" alt="企业 LOGO">
        </a>
        <!-- 页面导航区域 -->
        <nav>
            <a class="selected" href="index.html">网站首页</a>
            <a href="html/newsList.html" target="_blank">新闻中心</a>
            <a href="html/product.html" target="_blank">产品中心</a>
```

```
                <a href="html/joinUs.html" target="_blank">加入我们</a>
                <a href="#">关于我们</a>
                <a class="contact_us" href="#">联系我们</a>
        </nav>
        <!-- 语言切换区域 -->
        <div class="changeLang">
            <a class="active" href="#">中文</a>
            <a href="#">EN</a>
        </div>
    </div>
</header>
```

（3）在 layout.css 文件中设置顶部栏和导航栏的背景颜色，使用 linear-gradient 属性进行渐变设置。

```css
/* 顶部栏 */
.header_bar{
    width: 100%;
    background: linear-gradient(#1e2349, #191d3a);
}
/* 导航栏 */
.navbar{
    width: 1000px;
    height: 60px;
    margin: auto;
    background: linear-gradient(#1e2349, #191d3a);
}
 .navbar a{ color: #818496; }
```

（4）设置 Logo 区域的大小及浮动。

```css
/* Logo 区域 */
.logo{
    float: left;
    width: 108px;
    height: 20px;
    margin-top: 20px;
}
.logo>img{
    width: 100%;
}
```

（5）设置页面导航区域的样式及浮动。

```css
/* 页面导航区域 */
.navbar nav {
    float: left;
```

```
        margin-left: 80px;
}
.navbar nav a{
    width: 100px;
    height: 100%;
    float: left;
    text-align: center;
    line-height: 60px;
    border-left: 1px solid #252947;
}
.navbar nav a:hover,.navbar nav a.selected{
    background: #252947;
    color: #e2e4ed;
}
.navbar nav a:nth-last-child(2){
    border-right: 1px solid #252947;
}
.navbar a.contact_us{
    height: 32px;
    width: 98px;
    margin: 12px 0 0 26px;
    line-height: 32px;
    border: 1px solid #46e68e;
    border-radius: 4px;
    background: #38b774;
    color: #fff;
}
.navbar a.contact_us:hover{
    background: #2ba364;
}
```

（6）设置语言切换区域的样式，完成顶部栏的布局及样式设计。

```
/* 语言切换区域 */
.changeLang{
    float: right;
    line-height: 58px;
}
.changeLang .active{
    color: #38b774;
}
.changeLang a:last-child{
    margin-left: 10px;
}
```

（7）设置网站主体区域的大小和居中对齐。

```
main{
    width: 1000px;
    margin: auto;
}
```

（8）根据效果图布局底部栏结构。

```
<!-- 底部栏 -->
<footer class="mt">
    <!-- 返回顶部按钮 -->
    <a href="#top" class="go_top">
    </a>

    <!-- 企业名称 -->
    <p>©2022 巨巨网络科技有限公司</p>

    <!-- 页面底部导航 -->
    <nav>
        <span><a href="index.html">网站首页</a></span>
        <span><a href="html/newsList.html" target="_blank">新闻中心</a></span>
        <span><a href="html/product.html" target="_blank">产品中心</a></span>
        <span><a href="html/joinUs.html" target="_blank">加入我们</a></span>
        <span><a href="#">关于我们</a></span>
        <span><a href="#">联系我们</a></span>
    </nav>
    <p>闽A2-20044005号 闽公网安备44030702002388号</p>
</footer>
```

（9）设置底部栏的样式。

```
/* 底部栏 */
footer{
    position: relative;
    padding: 20px;
    background: #191d3a;
    width: 100%;
    min-width: 1000px;
    color: #818496;
    text-align: center;
    line-height: 3;
    font-size: 12px;
}
footer nav a{
    color: #818496;
    margin-right: 4px;
```

```
}
footer nav a:hover{
    color: white;
}
```

（10）设置返回顶部按钮的样式。

```
/* 返回顶部按钮 */
.go_top{
    position: absolute;
    right: 15px;
    bottom: 60px;
    z-index: 9999;
    width: 68px;
    height: 29px;
    background: url(../img/top.png) 0 -40px  no-repeat;
}
.go_top:hover{
    background: url(../img/top.png) 0 0 no-repeat;
}
```

（11）将导航栏顶部外边距设置为 30px。

```
.mt{
    margin-top: 30px;
}
```

至此，我们完成了企业官网首页导航栏与底部栏设计，效果如图 6-19 所示。

图 6-19　企业官网首页导航栏与底部栏效果

【任务拓展】

参考图 6-20，完成顶部栏的布局设计。

图 6-20　顶部栏布局设计效果

【练习与思考】

1. 单选题

（1）HTML5 中设置了语义化标签，下列语义化标签中用于设置导航区域的是（　　　）。

A．<article>　　　　　B．<section>　　　　　C．<nav>　　　　　D．<header>

（2）HTML5 中的<header>标签的作用是（　　　）。

A．一种具有引导和导航作用的语义化标签

B．将具有导航性质的链接归纳在一个区域中，使页面元素的语义更加明确

C．用来定义传统导航条、侧边栏导航、页内导航、翻页操作等

D．代表文档、页面或应用程序中与上下文不相关的独立部分

（3）以下标签中不属于语义化标签的是（　　　）。

A．<header>　　　　　B．<head>　　　　　C．<section>　　　　　D．<article>

2. 多选题

（1）以下标签中属于 HTML5 新增的语义化标签的是（　　　）。

A．<main>　　　　　B．<head>　　　　　C．<footer>　　　　　D．<section>

（2）线性渐变要实现从左到右渐变，渐变角度的设置方法包括（　　　）。

A．to left　　　　　B．to right　　　　　C．90deg　　　　　D．−90deg

（3）在设置重复径向渐变时，可以设置的参数包括（　　　）。

A．圆心位置　　　　　　　　　　　B．渐变颜色值

C．颜色值对应的百分比位置　　　　D．渐变角度

3. 判断题

（1）可以使用<article>标签定义网页中的独立部分，如文档、新闻、日志等。

（　　　）

（2）在设计纵向导航菜单时，可以用无序列表来实现，也可以用普通的超链接将其定义为块级元素来实现。　　　　　　　　　　　　　　　　　　　　（　　　）

（3）盒模型阴影可以通过 blur 参数设置阴影模糊半径。　　　　　　　　（　　　）

模块 7

企业官网首页广告栏设计

本模块主要介绍盒模型的定位方式，并通过盒模型的不同定位进行企业官网首页广告栏设计。

 知识目标

掌握盒模型固定定位、相对定位和绝对定位的使用方法；
掌握定位元素的层级控制方法。

模块 7 微课

 技能目标

能够根据不同定位的属性，选择合理的定位方式进行页面布局设计。

 项目背景

在默认情况下，网页元素是按照正常流的顺序进行布局的，布局方式过于单一。通过前面模块的学习，读者应当知道在网页中可以使用浮动将网页元素抽离正常流，改变网页元素的默认布局方式。浮动的使用方法虽然比较简单，但是只能进行左对齐、右对齐等粗略形式的排版。如果需要进行网页元素的精确定位，就需要设置定位属性。本模块将讲解定位属性的相关知识，完成企业官网首页广告栏设计。

 任务规划

本模块将完成企业官网首页广告栏的布局与切换效果设计。

任务　企业官网首页广告栏的布局与切换效果设计

【任务概述】

本任务通过讲解定位属性，帮助读者掌握不同定位方式的使用方法，并通过合理的定位方式进行企业官网首页广告栏的布局与切换效果设计。

【知识准备】

定位

在前面模块的学习中，读者应当已经知道网页中的块级元素默认按照从上到下、从左到右的正常流顺序进行排列，这种排列方式称为静态定位。在静态定位状态下排版出来的元素通常布局方式较为单一，无法实现丰富的效果，因此我们可以借助定位将元素抽离正常流，进行复杂的排版布局。定位共有 5 种类型，分别为静态定位（static）、固定定位（fixed）、相对定位（relative）、绝对定位（absolute）和黏性定位（sticky）。书写格式如下：

```
position: static | fixed | relative | absolute | sticky;
```

1. 静态定位

静态定位是 HTML 元素的默认值，即没有定位，遵循正常流布局。静态定位的元素不会受到 top、bottom、left、right、index 属性的影响。

2. 固定定位

固定定位是指元素相对于网页的可视区域进行定位。使用固定定位时需要注意以下几点。

- 固定定位的元素被移出正常流，不再占用正常流的布局空间。
- 固定定位元素的定位对象是网页的可视区域。
- 固定定位的元素使用 top、right、bottom、left 属性，针对定位对象进行偏移量控制。

下面以一个常见的浏览器对联广告案例来说明固定定位的使用方法。

```
<style>
    body {margin: 0;}
    .container {
        width: 100%;
        height: 3000px;
        background: linear-gradient(pink, yellow);
    }
    .container h1 {
        margin: 0;
```

```
        text-align: center;
    }
    .left_ad,
    .right_ad {
        position: fixed;
        /* 将对联广告垂直于浏览器窗口居中对齐 */
        top: 50%;
        transform: translateY(-50%);
    }
    .left_ad {left: 0;}
    .right_ad {right: 0;}
</style>
<img class="left_ad" src="left_ad.png" alt="左侧广告">
<img class="right_ad" src="right_ad.png" alt="右侧广告">
<div class="container">
    <h1>内容区域 </h1>
</div>
```

固定定位广告栏效果如图 7-1 所示。

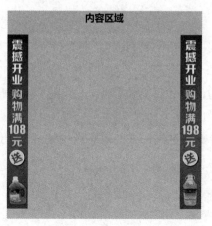

图 7-1　固定定位广告栏效果

在以上案例中，首先通过类名为 container 的容器模拟正常流中布局的内容，而对联广告图因为设置了固定定位，所以图片是漂浮于正常流内容上方的。然后通过偏移量属性控制对联广告图相对于浏览器窗口的位置。此时无论是放大还是缩小浏览器，对联广告图始终贴于浏览器窗口的左右侧。

固定定位在网页布局中经常被使用，如常见的返回顶部按钮、始终悬浮于浏览器顶部或底部的导航栏、悬浮于浏览器左侧的侧边栏等，读者也可以思考一下还有哪些常见的案例。

3. 相对定位

相对定位是指相对于元素在正常流中的位置进行定位。使用相对定位时需要注意以下几点。

- 相对定位的元素被移出正常流，但是它在正常流中的位置仍然被保留。
- 相对定位元素的定位对象是其在正常流中被保留的位置。
- 相对定位的元素使用 top、right、bottom、left 属性，针对定位对象进行偏移量控制。

例如：

```
<style>
    .search_btn{
        position: relative;
        left: 68px;
    }
</style>
<input type="search" placeholder="请输入关键字">
<button class="search_btn">搜索</button>
<button class="reset_btn">重置</button>
```

相对定位效果如图 7-2 所示。

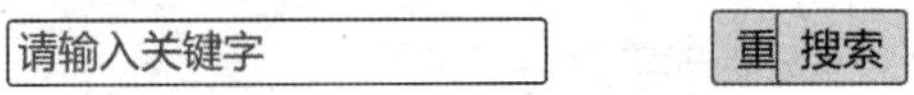

| 请输入关键字 | 重 搜索 |

图 7-2　相对定位效果

以上案例将"搜索"按钮进行相对定位，且在定位之后，"搜索"按钮已经被移出正常流，并漂浮于其他元素上方。可以看到，"搜索"按钮漂浮于"重置"按钮上方，但是"搜索"按钮原来在正常流中的位置并没有被移除，"重置"按钮和搜索文本框之间仍然存在"搜索"按钮原来占据的空白位置（见图 7-2）。

相对定位是一个比较特殊的定位，在网页布局中经常用于进行"微调"控制。例如：

```
<style>
    .btn {
        width: 178px;
        height: 39px;
        border: none;
        outline: none;
        background: url(btn.png) no-repeat;
        color: white;

    }
    .btn img {
        /* 添加相对定位，进行位置微调 */
        position: relative;
        right: 2px;
        top: 4px;
    }
</style>
```

```
<button class="btn">
    <img src="position.png" alt="定位">
    <span>相对定位</span>
</button>
```

相对定位"微调"元素效果如图 7-3 所示。

图 7-3　相对定位"微调"元素效果

4. 绝对定位

绝对定位是指相对于其最近的已经定位的（绝对定位、固定定位或相对定位）父元素进行定位。如果所有父元素均未定位，则相对于 body（浏览器窗口）进行定位。使用绝对定位时需要注意以下几点。

- 绝对定位的元素被移出正常流，不再占用正常流的布局空间。
- 绝对定位元素的定位对象为最近的已经定位的父元素，如果父元素均未定位，则定位对象为浏览器窗口。
- 绝对定位的元素使用 top、right、bottom、left 属性，针对定位对象进行偏移量控制。

绝对定位在网页布局中经常用于制作"盖印"效果（即绝对定位元素压盖在父元素中其他元素的上方，形成一个类似"盖印"的效果），使用时须牢记口诀"子绝父相"（子元素采用绝对定位，父元素采用相对定位）。例如：

```
<style>
    .coupon{
        width: 452px;
        height: 194px;
        position: relative;
        margin: 30px auto 0 auto;
    }
    .discount{
        width: 77px;
        height: 93px;
        background: url(discount.png);
        /* 将优惠图标根据父元素进行绝对定位，定位于父元素的右上角 */
        position: absolute;
        right: -20px;
        top: -30px;
    }
</style>
<section class="coupon">
    <div class="discount"></div>
    <img class="coupon_img" src="coupon.png" alt="优惠券">
```

```
</section>
```

绝对定位"盖印"效果如图 7-4 所示。

图 7-4 绝对定位"盖印"效果

5. 黏性定位

黏性定位可以被认为是相对定位和固定定位的混合定位。

例如：

```
<style>
    *{
        margin: 0;
        padding: 0;
    }
    .box{
        height: 200px;
        overflow-y: scroll;
    }
    ul{
        list-style: none;
    }
    .top{
        position: sticky;
        top: 0;
        background: rgb(175, 175, 175);
        color: white;
        font-weight: bold;
        font-size: 18px;
        padding: 5px 0;
    }
</style>
<div class="box">
    <ul>
        <li>普通新闻</li>
        <!-- 补充多个 li 标签 -->
        <li class="top">置顶新闻</li>
        <li>普通新闻</li>
        <!-- 补充多个 li 标签 -->
```

```
    </ul>
</div>
```

黏性定位元素在跨越特定阈值前表现为相对定位，在跨越特定阈值后表现为固定定位，如图 7-5 和图 7-6 所示。

图 7-5   黏性定位元素在跨越特定阈值前   图 7-6   黏性定位元素在跨越特定阈值后
            表现为相对定位   表现为固定定位

在以上案例中，top 容器设置了黏性定位，当它未达到 top:0 的限定阈值时表现为相对定位，当它达到限定阈值后表现为固定定位。黏性定位常用于导航和概览信息（如标题、表头、操作栏、底部评论等），使用户在浏览详细信息的同时还能看到信息的概览，为用户带来便捷的使用体验。

6. z-index 属性

z-index 属性用于设置元素的堆叠顺序。堆叠顺序较高的元素总是会处于堆叠顺序较低的元素前面。z-index 属性仅在定位元素上有效，允许为负值。

示例代码如下：

```
<style>
    .box{
        position: relative;
    }
    .a,.b{
        width: 100px;
        height: 100px;
        border-radius: 50%;
        position: absolute;
    }
    .a{
        background: red;
        left: 0;
        z-index: 999;
    }
    .b{
        background: blue;
        left: 50px;
    }
```

```
</style>

<div class="box">
    <div class="a"></div>
    <div class="b"></div>
</div>
```

z-index 属性设置的元素堆叠效果如图 7-7 所示。

图 7-7   z-index 属性设置的元素堆叠效果

通过设置 a 容器和 b 容器的 z-index 属性值，我们可以控制两个元素的堆叠顺序。

【任务实施】

根据图 7-8 完成企业官网首页广告栏的布局设计。

图 7-8   企业官网首页广告栏效果

（1）在 css 文件夹下新建样式表文件 index.css，并在企业官网首页中引入该文件。

（2）在 index.html 文件中的 banner 容器下布局一个无序列表，用于设计广告栏。广告栏的布局结构如图 7-9 所示。

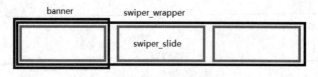

图 7-9   广告栏的布局结构

```
<!-- 广告栏 -->
<div class="banner">
    <!-- 广告图列表 -->
```

```
    <ul class="swiper_wrapper">
        <!-- 广告图一 -->
        <li class="swiper_slide">
            <a href="#">
                <img class="slide_img" src="img/banner1.png" >
            </a>
        </li>
        <!-- 广告图二 -->
        <li class="swiper_slide">
            <a href="#">
                <img class="slide_img" src="img/banner2.png" >
            </a>
        </li>
        <!-- 广告图三 -->
        <li class="swiper_slide">
            <a href="#">
                <img class="slide_img" src="img/banner3.png" >
            </a>
        </li>
    </ul>
</div>
```

（3）在 index.css 文件中设计广告栏的布局样式。

```
/* 广告栏 */
.banner{
    width: 100%;
    min-width: 1000px;
    margin: auto;
    overflow: hidden;
}
.swiper_wrapper{
    width: 300%;
}
.swiper_slide{
    width: 33.33%;
    float: left;
}
.slide_img{
    width: 100%;
    /* 将 img 元素设置为 display: block，用以去除 display:inline-block 元素的间隙 */
    display: block;
}
```

（4）因为在 swiper_slide 子容器中设置了浮动，所以需要在 swiper_wrapper 父容器中清除浮动。

```
<ul class="swiper_wrapper fx">
    ......
</ul>
```

（5）在第一张广告图列表中放置 section 容器，用于设计图片标题。使用绝对定位的方式对图片标题进行布局，效果如图 7-10 所示。

index.html 文件：

```
<li class="swiper_slide">
    <section class="intro">
        <!-- 图片标题 -->
        <h1>
            <img src="img/banner1_title.png">
        </h1>
    </section>
    <!-- 广告图 -->
    <a href="#">
        <img class="slide_img" src="img/banner1.png" >
    </a>
</li>
```

index.css 文件：

```
.swiper_slide{
    width: 33.33%;
    float: left;
    position: relative;
}
.intro{
    position: absolute;
    left: 46%;
    top: 18%;
}
```

图 7-10　广告栏标题定位效果

（6）在 section 容器中使用自定义列表布局下载图标。

```
<section class="intro fx"> <!-- 清除浮动-->
```

```
    <!-- 图片标题 -->
    <h1>
        <img src="img/banner1_title.png">
    </h1>


    <!-- 下载图标 -->
    <dl class="download">
        <dt>
        点燃新时期 ICT 的灯，照亮自主成才的路！
        </dt>
        <dd class="fx">
            <a href="#" class="download_link iphone_icon" title="iPhone">
                iphone
            </a>
            <a href="#" class="download_link android_icon" title="Android">
                android
            </a>
            <a href="#" class="download_link imac_icon" title="iMac">
                imac
            </a>
            <a href="#" class="download_link windows_icon" title="Windows">
                windows
            </a>
        </dd>
    </dl>
</section>
```

（7）使用精灵图设计下载图标的样式，效果如图 7-11 所示。

```
/* 下载图标 */
.download dt
{
    color: white;
    line-height: 48px;
}
a.download_link{
    display: block;
    float: left;
    width: 84px;
    height: 106px;
    text-align: center;
    background: url(../img/icon.png) no-repeat;
    background-color: rgba(255,255,255,.85);
    padding-top: 70px;
}
```

```
a.download_link:hover{
    background-color: #fff;
}
a.iphone_icon{
    border-radius: 5px 0 0 5px;
    background-position:26px 22px
}
a.android_icon{
    background-position:26px -76px
}
a.imac_icon{
    background-position:26px -273px
}
a.windows_icon{
    border-radius: 0 5px 5px 0px;
    background-position:26px -378px
}
```

图 7-11　广告栏精灵图效果

（8）使用自定义列表布局"联系我们"图标。

```
<section class="intro">
    <!-- 图片标题 -->
    <h1>
    </h1>
    <!-- 下载图标 -->
    <dl class="download">
    </dl>
    <!-- "联系我们"图标 -->
    <dl class="online">
        <dt>联系我们</dt>
        <dd>
            <a href="#" title="qzone" class="contact_icon qzone"></a>
            <a href="#" title="kaixin" class="contact_icon kaixin"></a>
            <a href="#" title="sina" class="contact_icon sina"></a>
        </dd>
```

```
        </dl>
</section>
```

（9）通过绝对定位和精灵图设计"联系我们"图标的样式，效果如图 7-12 所示。

```
/* 联系我们图标*/
.online{
    width: 115px;
    cursor: pointer;
    margin-left: 30px;
    position: absolute;
    top: -2px;
    left: 345px;
}
.online dt{
    height: 37px;
    padding-left: 17px;
    line-height: 37px;
    background: url(../img/online.png) no-repeat;
}
.online dd{
    display: none;
    padding: 2px 0 8px 13px;
    background-color: #fff;
    border-radius: 0 0 15px 15px;
}
.online:hover dt{
    background-position: -120px 0;
}
.online:hover dd{
    display: block;
}
a.contact_icon{
    display: inline-block;
    width: 24px;
    height: 24px;
    background: url(../img/online.png) no-repeat;
    margin-right: 4px;
}
a.qzone{
    background-position:  -25px -47px;
}
a.kaixin{
    background-position:  -50px -47px;
}
a.sina{
```

```
        background-position: -100px -47px;
    }
```

图 7-12   "联系我们"图标效果

（10）使用单选按钮设计广告图切换的焦点列表，并通过<label>标签绑定单选按钮。

```
<div class="banner">
    <!-- input 标签列表 -->
    <input type="radio" name="banner" id="b1" checked>
    <input type="radio" name="banner" id="b2">
    <input type="radio" name="banner" id="b3">
    <!-- 焦点 -->
    <div class="swiper_pagination">
        <label for="b1"></label>
        <label for="b2"></label>
        <label for="b3"></label>
    </div>
</div>
```

（11）将单选按钮隐藏，并使用<label>标签设计焦点列表的样式，通过绝对定位将焦点列表布局在广告栏的底部居中位置，效果如图 7-13 所示。

```
/* 焦点列表样式 */
.banner{
    position: relative;
}
input[name=banner]{
    display: none;
}
.swiper_pagination{
    position: absolute;
    z-index: 999;
    bottom: 10px;
    left: 50%;
    transform: translateX(-50%);
}
.swiper_pagination label{
    cursor: pointer;
```

```
    display: block;
    width: 12px;
    height: 12px;
    float: left;
    background-color: #fff ;
    border-radius: 50%;
    opacity: 0.5;
    margin-right: 15px;
}
.swiper_pagination label:last-child{
    margin-right: 0;
}
```

图 7-13　广告栏焦点列表效果

【任务拓展】

使用定位相关知识完成下拉列表效果，如图 7-14 和图 7-15 所示。

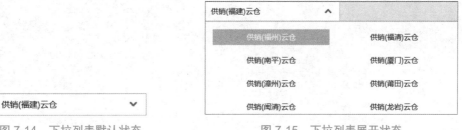

图 7-14　下拉列表默认状态　　　　图 7-15　下拉列表展开状态

【练习与思考】

1. 单选题

（1）如果想将两个层排列在同一行中，则下列描述中不能实现的是（　　）。

A．直接插入两个 div 标记，会自动排在同一行中

B. 先指定 div 的 position 属性为 absolute，然后将层位置拖放到同一行中

C. 对两个 div 都设置浮动属性 float

D. 使用一个表格，将两个层分别放入一行中的两个单元格内

（2）在 CSS 样式中，position 属性的默认值是（　　　）。

A. relative　　　　　B. static　　　　　C. absolute　　　　　D. sticky

（3）以下关于 z-index 属性的说法中错误的是（　　　）。

A. 值越大，图层的堆叠顺序越高　　　B. 值越小，图层的堆叠顺序越低

C. 定位后，其设置才生效　　　　　　D. 在任何时候，其设置都是有效的

2. 多选题

（1）脱离正常流的定位类型有（　　　）。

A. relative　　　　　B. static　　　　　C. absolute　　　　　D. sticky

（2）可以设置定位偏移量的关键字有（　　　）。

A. top　　　　　　　B. left　　　　　　C. right　　　　　　D. bottom

3. 判断题

（1）当对多个元素同时设置定位时，定位元素之间可能会发生重叠现象。在 CSS 中，可以对定位元素应用 z-index 属性来调整重叠定位元素的堆叠顺序。z-index 属性的取值越大，定位元素在堆叠元素中就越居上。　　　　　　　　　　　　　　（　　　）

（2）黏性定位可以被认为是相对定位和固定定位的混合定位。元素在跨越特定阈值前表现为相对定位，在跨越特定阈值后表现为固定定位。　　　　　　　　（　　　）

（3）浮动和定位都能准确定位元素。　　　　　　　　　　　　　　　　（　　　）

模块 8

企业官网首页广告栏动画设计

本模块主要介绍 CSS 属性过渡与动画设计，使读者掌握 CSS 过渡动画与关键帧动画的设计方法。

 知识目标

掌握 CSS 过渡动画设计；
掌握 CSS 关键帧动画设计；
掌握 CSS 动画库的使用方法。

模块 8 微课

 技能目标

能够根据设计需求，进行流畅的动画设计。

 项目背景

在 CSS3 出现之前，动画都是通过内嵌 Flash 或者使用 JavaScript 动态改变元素的样式属性来完成制作的。这种方式虽然能够制作动画，但是在性能上存在一些问题。CSS3 的出现让动画的制作变得更加容易，性能也更好。在 CSS3 中，有 3 个关于动画的样式属性，分别为 transform、transition 和 animation。本模块将介绍这些属性，并通过这些属性设计广告栏动画，让用户界面的交互效果更加丰富。

 任务规划

本模块将完成企业官网首页广告栏的交互动画设计。

任务 1 广告图切换效果设计

【任务概述】

本任务通过讲解 transition 属性、transform 属性的使用方法，帮助读者掌握 CSS 过渡动画设计，并进行广告图切换效果设计。

【知识准备】

1.1 transition 属性

过渡是元素从一种样式逐渐变为另一种样式的效果。使用过渡属性可以让 Web 前端开发人员在不使用 Flash 和 JavaScript 的情况下，轻松实现过渡动画效果。过渡属性主要包括 transition-property、transition-duration、transition-timing-function、transition-delay，下面将对这些属性进行逐一讲解。

1. transition-property 属性

transition-property 属性用于规定应用过渡效果的 CSS 属性名称列表，其取值如表 8-1 所示。

表 8-1 transition-property 属性的取值

值	描述
none	没有属性获得过渡效果
all	所有属性都将获得过渡效果
property	定义应用过渡效果的 CSS 属性名称列表，列表项以逗号分隔

在设置 transition-property 属性时，需要设置过渡时长属性 transition-duration，否则过渡时长默认为 0，将看不到过渡效果。

例如：

```
<style>
    .box {
        width: 100px;
        height: 100px;
        background: coral;
    }


    .box:hover {
        width: 200px;
        transition-property: width;
        transition-duration: 2s;
```

```
    }
</style>
<div class="box"></div>
```

当鼠标指针移入 box 容器时,其宽度属性在 2 秒内增长至 200px。

2. transition-duration 属性

transition-duration 属性用于规定完成过渡效果需要花费的时间(以秒或毫秒计),默认值为 0。该属性可以指定多个过渡时长,每个过渡时长都会被应用到由 transition-property 属性指定的对应属性上。

3. transition-timing-function 属性

transition-timing-function 属性用于规定过渡效果的速度曲线。该属性允许过渡效果跟随时间的变化来改变运动速度,其取值如表 8-2 所示。

表 8-2 transition-timing-function 属性的取值

值	描述
linear	规定从开始至结束使用相同速度的过渡效果,等同于 cubic-bezier(0,0,1,1)
ease	规定以慢速开始,之后速度变快,最后以慢速结束的过渡效果,等同于 cubic-bezier(0.25,0.1,0.25,1)
ease-in	规定以慢速开始的过渡效果,等同于 cubic-bezier(0.42,0,1,1)
ease-out	规定以慢速结束的过渡效果,等同于 cubic-bezier(0,0,0.58,1)
ease-in-out	规定以慢速开始和结束的过渡效果,等同于 cubic-bezier(0.42,0,0.58,1)
cubic-bezier(n,n,n,n)	在 cubic-bezier() 函数中定义自己的值。可能的值为 0 和 1 之间的数

4. transition-delay 属性

transition-delay 属性用于规定过渡效果何时开始,默认属性值为 0。transition-delay 属性值以秒或毫秒计,取值可以为正数、负数和 0。当设置为正数 n(单位为秒)时,过渡效果将延迟 n 秒触发,当设置为负数 $-n$(单位为秒)时,前 n 秒的过渡效果将被截断。

transition 属性是一个简写属性,用于设置以下 4 个过渡属性:transition-property、transition-duration、transition-timing-function、transition-delay,且书写顺序不能有误。transition 属性可以设置多组过渡属性,每组过渡属性之间使用逗号分隔。例如:

```
<style>
    .box {
        width: 100px;
        height: 100px;
        background: coral;
    }
    .box:hover {
        width: 200px;
        height: 200px;
        transition: width 2s linear, height 3s ease-in-out 1s;
```

```
    }
</style>
<div class="box"></div>
```

1.2　transform 属性

transform 属性允许用户旋转、缩放、平移或倾斜网页元素，其主要变化形式有 2D 变形和 3D 变形。

1. 2D 变形

transform 属性的 2D 变形主要包括旋转（rotate）、缩放（scale）、平移（translate）和倾斜（skew）4 种。

（1）旋转。

rotate()方法能够根据给定的角度顺时针或逆时针旋转元素。例如，将 div 元素逆时针旋转 30°：

```
<style>
    div {
        width: 357px;
        height: 323px;
        background: url(tree.jpg) no-repeat;
        transition: transform 1s;
    }
    div:hover {
        transform: rotate(-30deg);/* deg 为角度单位 */
    }
</style>
<div></div>
```

rotate()方法的旋转效果如图 8-1 所示。

图 8-1　rotate()方法的旋转效果

（2）缩放。

scale()方法能够根据给定的宽度和高度参数增大或减小元素的大小。例如，将 div 元素增大为其原始宽度的 2 倍和其原始高度的 3 倍：

```
<style>
    div{
        width: 100px;
        height: 40px;
        margin: 40px auto 0 auto;
        color: white;
        font-weight: bold;
        text-align: center;
        line-height: 40px;
        background:skyblue ;
        transition: transform 500ms;
    }
    div:hover{
        transform: scale(2,3);
    }
</style>
<div>scale()方法</div>
```

scale()方法的缩放效果如图 8-2 所示。

图 8-2　scale()方法的缩放效果

需要注意的是，div 元素内的文字也将随着容器一同变形。如果需要单独对元素的宽度和高度进行变形，则可以使用 scaleX()、scaleY()方法。如果给定的参数为百分比值，则指的是基于元素本身宽高的百分比值进行缩放。

scale()方法允许给定负值，实现元素的翻转效果。例如：

```
<style>
    .man{
        transform: scaleX(-1);
    }
</style>
<img class="man" src="runman.gif" alt="跑动的小人">
```

scaleX()方法的翻转效果如图 8-3 所示。

翻转前　　　　　　翻转后

图 8-3　scaleX()方法的翻转效果

（3）平移。

translate()方法能够根据为 X 轴和 Y 轴指定的参数，实现元素的平移效果。如果给定的参数为百分比值，则指的是基于元素本身宽高的百分比值进行平移。translate()方法允许给定负值。如果需要单独对 X 轴、Y 轴进行平移，则可以使用 translateX()、translateY()方法。

（4）倾斜。

skew()方法能够使元素沿 X 轴和 Y 轴给定角度进行倾斜。skew()方法允许给定负值。如果需要单独对 X 轴、Y 轴进行倾斜，则可以使用 skewX()、skewY()方法。

（5）transform-origin 属性。

transform-origin 属性可以更改一个元素的变形原点。在默认情况下，变形原点都是元素的中心点，用户可以通过 transform-origin 属性重新定位变形原点。transform-origin 属性可以使用一个、两个或三个值来指定，其中每个值都表示一个偏移量。没有明确定义的偏移将被重置为其对应的初始值。该属性的使用方法如下：

```
transform-origin: x-offset y-offset z-offset
```

该属性的参数及描述如表 8-3 所示。

表 8-3　transform-origin 属性的参数及描述

参数	描述
x-offset	定义变形原点距离盒模型左侧的偏移值。该属性值可以是百分比、px 等具体值，也可以是 top、right、bottom、left、center 关键字
y-offset	定义变形原点距离盒模型顶部的偏移值。该属性值可以是百分比、px 等具体值，也可以是 top、right、bottom、left、center 关键字
z-offset	定义变形原点距离观察者视线的偏移值。该属性适用于 3D 变形，其值一般为 px，不能是一个百分比

2．3D 变形

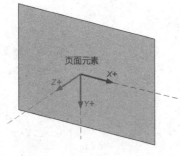

图 8-4　CSS3 的三维坐标轴

除了 2D 变形，CSS3 还支持 3D 变形。3D 变形能带来更丰富的视觉效果。在了解 3D 变形之前，需要先对 CSS3 的三维坐标轴有一个认识。图 8-4 所示为 CSS3 的三维坐标轴，其中向右为 X 轴的正轴方向，向下为 Y 轴的正轴方向，面向屏幕的方向为 Z 轴的正轴方向。在认识 CSS3 的三维坐标轴之后，接下来介绍 3D 变形中的属性应用。

（1）perspective 属性。

perspective 属性指定了观察者与 Z=0 平面的距离，使具有三维变换特性的元素产生透视效果。perspective 属性的默认值为 none，常用于需要进行三维变换的元素的父容器上。例如：

```
<style>
    .box {
        width: 200px;
```

```
        height: 200px;
        margin: auto;
        /* 设置视距为800px */
        perspective: 800px;
    }
    .box>img {
        transform: translateZ(0px);
    }
</style>
<div class="box">
    <img src="animal.jpg" alt="企鹅">
</div>
```

打开浏览器调试窗口，通过键盘上下方向键调整图片的 translateZ 数值，该数值越大，图片越大（即观察者与图片的 Z 轴距离越近）。当该数值超过 800px 时，图片将消失（相当于图片已经穿过观察者，处于观察者后方），如图 8-5 所示。

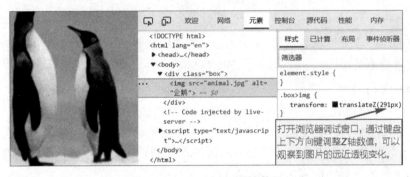

图 8-5　perspective 属性效果

一般而言，perspective 属性值越小，透视效果越突出。接下来将使用 perspective 属性，并结合其他 3D 变形属性，进行元素的 3D 变换设置。

（2）三维旋转。

① rotateX()方法。

rotateX()方法可以让元素沿着 X 轴进行旋转，其语法格式如下：

```
transform: rotateX(xdeg);
```

其中，x 可以为正数或负数。正数表示面朝 X 轴的正轴方向顺时针旋转的度数；负数则表示面朝 X 轴的正轴方向逆时针旋转的度数。

例如：

```
<style>
    .box {
        text-align: center;
        perspective:300px;
    }
    .box>img{
```

```
        transition: transform 1s;
    }
    .box>img:hover{
        transform: rotateX(180deg);
    }
</style>
<div class="box">
    <img src="animal.jpg" alt="企鹅">
</div>
```

图片沿着 X 轴的正轴方向顺时针旋转 180°后的效果如图 8-6 所示。

图 8-6　图片沿着 X 轴的正轴方向顺时针旋转 180°后的效果

在本案例中，读者可以尝试将 perspective 属性值设置为 none 和其他不同的值，并观察元素的三维变换效果。

② rotateY()方法。

rotateY()方法可以让元素沿着 Y 轴进行旋转，其语法格式如下：

```
transform: rotateY(xdeg);
```

其中，x 可以为正数或负数。正数表示面朝 Y 轴的正轴方向顺时针旋转的度数；负数则表示面朝 Y 轴的正轴方向逆时针旋转的度数。

例如，使用 rotateY()方法设计一个开窗动画：

```
<style>
    .windows {
        width: 488px;
        height: 394px;
        margin: auto;
        perspective: 500px;
    }
    .left_windows, .right_windows {
        float: left;
        transition: transform 0.5s;
    }
    .left_windows {
        transform-origin: left;
    }
    .right_windows {
        transform-origin: right;
```

```
    }
    .windows:hover>.left_windows {
        transform: rotateY(40deg);
    }
    .windows:hover>.right_windows {
        transform: rotateY(-40deg);
    }
</style>

<div class="windows">
    <img class="left_windows" src="windows_l.png" alt="左窗">
    <img class="right_windows" src="windows_r.png" alt="右窗">
</div>
```

使用 rotateY()方法设计的开窗动画效果如图 8-7 所示。

图 8-7　使用 rotateY()方法设计的开窗动画效果

③ rotateZ()方法。

rotateZ()方法可以让元素沿着 Z 轴进行旋转，其语法格式如下：

```
transform: rotateZ(xdeg);
```

其中，x 可以为正数或负数。正数表示面朝 Z 轴的正轴方向顺时针旋转的度数；负数则表示面朝 Z 轴的正轴方向逆时针旋转的度数。rotateZ()方法在视觉效果上与 2D 变形的 rotate()方法没有区别，但并不等同于 rotateZ()方法可以让元素在 2D 平面上旋转。

④ rotate3d()方法。

rotate3d()方法用于设置多个轴的 3D 旋转，其语法格式如下：

```
transform: rotate3d(x,y,z,angle);
```

其中，x、y、z 的取值范围为 0～1，0 表示不旋转，1 表示旋转；angle 表示元素将要旋转的角度。

（3）三维平移。

元素的三维平移可以使用 translateX()方法、translateY()方法和 translateZ()方法。其中，translateZ()方法取正值时，值越大表示元素距离观察者越近；取负值时，值越小表示元素距离观察者越远。

如果需要同时设置多个平移属性，则可以使用 translate3d()方法，其语法格式如下：

```
transform: translate3d(x,y,z);
```

其中，x、y、z 代表 *X* 轴、*Y* 轴和 *Z* 轴的平移数值。

（4）三维缩放。

元素的三维缩放可以使用 scaleX()方法、scaleY()方法和 scaleZ()方法。如果需要同时设置多个缩放属性，则可以使用 scale3d()方法，其语法格式如下：

```
transform: scale3d(x,y,z);
```

其中，x、y、z 代表 *X* 轴、*Y* 轴和 *Z* 轴的缩放数值。

（5）transform-style 属性。

transform-style 属性用于设置元素的子元素位于 3D 空间中还是平面中，其取值如表 8-4 所示。

表 8-4　transform-style 属性的取值

值	描述
flat	设置元素的子元素位于平面中
preserve-3d	设置元素的子元素位于 3D 空间中

【任务实施】

学习和掌握 transition 属性、transform 属性之后，读者可以通过这些属性进行广告图切换效果的设计。广告图切换效果主要是通过单击<label>标签，对 swiper_pagination 广告图列表容器的 margin-left 属性值进行切换，再配合 transition 属性来实现的。广告图切换示意图如图 8-8 所示。

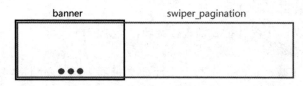

图 8-8　广告图切换示意图

（1）设计单击焦点列表项之后的图片切换效果。

```
.swiper_wrapper{
    transition: margin-left 0.4s;
}
#b1:checked~.swiper_wrapper{
    margin-left: 0%;
}
#b2:checked~.swiper_wrapper{
    margin-left: -100% ;
}
#b3:checked~.swiper_wrapper{
    margin-left: -200% ;
```

```
}
```

（2）设计选中焦点列表项时的激活样式，最终效果如图 8-9 所示。

```
#b1:checked~.swiper_pagination label:first-child{
    opacity: 1 ;
}
#b2:checked~.swiper_pagination label:nth-child(2){
    opacity: 1 ;
}
#b3:checked~.swiper_pagination label:last-child{
    opacity: 1;
}
```

图 8-9　广告图切换效果

【任务拓展】

根据图 8-10 完成广告栏和产品展示栏的布局与交互效果设计。

图 8-10　广告栏和产品展示栏效果

任务 2 广告图动画效果设计

【任务概述】

本任务主要讲解 animation 属性的使用方法，帮助读者掌握 CSS 关键帧动画设计，并进行广告图动画效果设计。

【知识准备】

CSS3 的动画属性允许开发者创建关键帧动画，它可以取代许多网页动画、Flash 动画和 JavaScript 实现的效果。CSS3 动画主要由 animation 属性和@keyframes 规则两部分组成。其中，animation 属性是一个简写属性，包括 animation-name 属性、animation-duration 属性、animation-timing-function 属性、animation-delay 属性、animation-iteration-count 属性、animation-direction 属性、animation-fill-mode 属性和 animation-play-state 属性。

1. @keyframes 规则

@keyframes 规则通过在动画序列中定义关键帧样式来控制动画序列的中间步骤。与 transition 属性相比，@keyframes 规则可以更灵活地控制动画序列的中间步骤。例如：

```
@keyframes myAnimation{
    0% {margin-top:0px;}
    25% {margin-top:200px}
    50% {margin-top:100px;}
    75% {margin-top:200px}
    100% {margin-top:0px;}
}
```

以上代码定义了一段名称为"myAnimation"的动画规则，该规则包含多个关键帧，也就是一段样式块语句。每个关键帧使用一个百分比值作为名称，代表动画播放过程中在哪个阶段触发这个帧所包含的样式。其中，0%可以使用关键字 from 代替，100%可以使用关键字 to 代替。

2. animation-name 属性

animation-name 属性值为@keyframes 规则规定的名称。animation-name 属性可以指定一个或者多个动画名称，每个动画名称之间使用逗号隔开。在使用该属性时，必须设置 animation-duration 属性值，否则默认动画时长为 0，不会播放动画。例如：

```
<style>
    .box {
        width: 100px;
        height: 100px;
        background: cornflowerblue;
        animation-name: myAnimation;
```

```
   animation-duration: 2s;
}


@keyframes myAnimation {
   0% {margin-left: 0px;}
   100% {margin-left: 100px;}
}
</style>
<div class="box"></div>
```

以上代码定义了一段从左向右运动的动画，动画时长为 2 秒，效果如图 8-11 所示。

图 8-11　动画效果（1）

3．animation-duration 属性

animation-duration 属性用于定义动画完成一个周期所需要的时间，以秒或毫秒计。使用方法如下：

```
animation-duration: 6s;
animation-duration: 120ms;
```

4．animation-timing-function 属性

animation-timing-function 属性用于定义动画的速度曲线，其取值如表 8-5 所示。速度曲线用于定义动画从一套样式变为另一套样式所用的时间。速度曲线的应用可使动画的变化更平滑。

表 8-5　animation-timing-function 属性的取值

值	描述
linear	动画从头到尾的速度是相同的，即匀速运动
ease	默认值。动画以低速开始，之后速度变快，在结束前速度变慢
ease-in	动画以低速开始
ease-out	动画以低速结束
ease-in-out	动画以低速开始和结束
cubic-bezier(n,n,n,n)	在 cubic-bezier() 函数中定义自己的值。可能的值为 0 和 1 之间的数

5．animation-iteration-count 属性

animation-iteration-count 属性用于定义动画的播放次数，其取值如表 8-6 所示，默认值为 1。

表 8-6　animation-iteration-count 属性的取值

值	描述
number	动画播放次数的数值
infinite	动画无限次播放

6．animation-direction 属性

animation-direction 属性用于定义是否轮流反向播放动画，其取值为 normal 和 alternate。normal 为默认值，表示动画正常播放。若将该属性的值设置为 alternate，则会使动画在奇数次正常播放，在偶数次反向播放。例如：

```
<style>
  .box {
    width: 100px;
    height: 100px;
    border-radius: 20px;
    background: cornflowerblue;
    animation-name: myAnimation;
    animation-duration: 2s;
    animation-timing-function: ease-in-out;
    animation-iteration-count: infinite;
    animation-direction: alternate;
  }

  @keyframes myAnimation {
    0% {
      margin-left: 0px;
    }
    100% {
      margin-left: 100px;
    }
  }
</style>
<div class="box"></div>
```

运行上述代码，该动画会循环播放，box 容器的左侧外间距将会在奇数次播放时从 0 变为 100px，在偶数次播放时从 100px 变为 0。

7．animation-fill-mode 属性

animation-fill-mode 属性用于定义当动画不播放时（即动画完成时，或者当动画因为有延迟而未开始播放时），要应用于元素的样式。在默认情况下，CSS 动画在第一个关键帧播放完成前不会影响元素，在最后一个关键帧播放完成后停止影响元素。animation-fill-mode 属性可以重写该行为。animation-fill-mode 属性的取值如表 8-7 所示。

表 8-7 animation-fill-mode 属性的取值

值	描述
none	不改变默认行为
forwards	向前填充模式。当动画播放完成后，保持应用最后一个属性值（即在最后一个关键帧中定义的样式）
backwards	向后填充模式。在 animation-delay 属性所指定的一段时间内（即动画开始之前），应用第一个属性值（即在第一个关键帧中定义的样式）
both	向前和向后填充模式都被应用

例如：

```
<style>
  .box{
    background:#efefef;
    padding: 30px;
    cursor: pointer;
  }
  .redball,.blueball{
    width: 54px;
    height: 54px;
    border-radius: 50%;
    margin: 10px;
    text-align: center;
    line-height: 54px;
  }
  .redball{
    background: red;
  }
  .blueball{
    background: skyblue;
  }
  @keyframes move{
    from{margin-left:0}
    to{margin-left:200px}
  }
  .box:hover .redball, .box:hover .blueball{
    animation-name: move;
    animation-duration: 1500ms;
    animation-timing-function: linear;
  }
  .box:hover .blueball{
    animation-fill-mode: forwards;
  }
</style>
```

```
<div class="box">
    <div class="redball">(●'◡'●)</div>
    <div class="blueball">(●'◡'●)</div>
</div>
```

将鼠标指针移入 box 容器后，动画开始播放。当动画播放完成后，蓝色小球仍保持最后一个关键帧的样式，效果如图 8-12 所示。

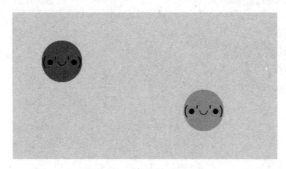

图 8-12　动画效果（2）

8. animation-play-state 属性

animation-play-state 属性用于定义动画的播放和暂停播放，其取值如表 8-8 所示。使用该属性可以查询动画是否正在播放，还可以定义动画的暂停播放和恢复动画的播放。

表 8-8　animation-play-state 属性的取值

值	描述
paused	动画已暂停播放
running	动画正在播放

例如：

```
<style>
  .disc{
    width: 180px;
    height: 180px;
    margin:auto;
    background: url(disc.png);
    background-size: cover;
  }
  @keyframes roll{
    from{transform: rotate(0deg);}
    to{transform: rotate(360deg);}
  }
  .disc{
    animation-name: roll;
```

```
    animation-duration: 10s;
    animation-timing-function: linear;
    animation-iteration-count: infinite;
    animation-play-state: running;
  }
  .disc:hover{
    animation-play-state: paused;
  }
</style>

<div class="disc"></div>
```

当鼠标指针移入唱碟时，animation-play-state 属性值为 paused，动画会暂停播放；当鼠标指针离开唱碟时，animation-play-state 属性值为 running，动画会恢复播放，效果如图 8-13 所示。

图 8-13　动画效果（3）

animation 属性的语法格式如下：

```
animation: name duration timing-function delay iteration-count direction fill-
mode play-state;
```

【任务实施】

使用 animation 属性为广告图设计高光动画效果。

（1）在 index.html 文件的 banner 容器中添加光线层。

```
<!-- 广告栏 -->
<div class="banner">
    <!-- input 标签列表 -->
    <input type="radio" name="banner" id="b1" checked>
    <input type="radio" name="banner" id="b2">
    <input type="radio" name="banner" id="b3">
    <!-- 焦点 -->
    <div class="swiper_pagination">
        ......
    </div>
```

```
    <!-- 光线层 -->
    <div class="light"></div>
    <!-- 广告图列表  -->
    <ul class="swiper_wrapper fx">
       ......
    </ul>
</div>
```

（2）定义光线层的样式，使用绝对定位的方式让光线层位于广告图上方，并添加 filter 滤镜，使光线效果更加柔和。

```
.light{
    position: absolute;
    width: 60px;
    height: 800px;
    background: white;
    z-index: 9999;
    opacity: 0.4;
    filter: blur(10px);
    transform: rotate(15deg);
    top: -200px;
}
```

（3）设计高光动画效果。

```
/* 光线效果 */
.light{
    animation: light_move 10s linear  infinite;
}
@keyframes light_move{
    0%{left: 0;}
    10%{left: 2000px;}
    100%{left: 2000px;}
}
```

【任务拓展】

使用动画相关知识完成加载进度动画效果，如图 8-14 所示。

图 8-14　加载进度动画效果

【练习与思考】

1．单选题

（1）要设置动画的播放次数为无限次，应使用的属性是（　　）。

A．animation-time-function　　　　　　B．animation-iteration-count

C．animation-delay　　　　　　　　　　D．animation-duration

（2）animation-timing-function 属性的默认值是（　　）。

A．ease　　　　　　B．linear　　　　　　C．ease-in　　　　　　D．ease-out

（3）如果希望块级元素 main 的动画效果是向下移动 150px，并且横向扩大为原来的 1.5 倍，则应当设置的 CSS 代码是（　　）。

A．.main{transform：translateX(150px) scale(1.5)}

B．.main{transform：translateY(150px) scale(1.5)}

C．.main{transform：translateY(150px) scaleX(1.5)}

D．.main{transform：translateX(150px) scaleX(1.5)}

2．多选题

（1）CSS 的变形动画涉及（　　）。

A．rotate　　　　　　B．scale　　　　　　C．translate　　　　　　D．skew

（2）过渡动画设置的内容包括（　　）。

A．过渡属性　　　　B．过渡时长　　　　C．时间函数　　　　D．过渡延时

（3）可用于描述动画速度曲线的 animation-timing-function 属性值包括（　　）。

A．ease　　　　　　B．ease-in　　　　　　C．ease-out　　　　　　D．ease-in-out

3．判断题

（1）如果动画以慢速开始，之后速度变快，最后以慢速结束，则可以使用 ease 速度曲线。　　　　　　　　　　　　　　　　　　　　　　　　　　　（　　）

（2）如果想让元素慢慢消失，则可以使用 display 作为过渡属性。　　（　　）

（3）transform-origin 属性可以更改一个元素的变形原点。　　　　　（　　）

模块 9

"关于我们" 模块设计

本模块主要介绍 HTML5 多媒体标签的使用方法，以及 SVG 图形和 Canvas 的相关知识，并通过 HTML5 多媒体标签、SVG 图形和 Canvas 进行更丰富的多媒体网页设计。

 知识目标

掌握 HTML5 多媒体标签的使用方法；

了解和熟悉 SVG 图形的相关知识；

了解和熟悉 Canvas 的相关知识。

模块 9 微课

 技能目标

合理使用 HTML5 的多媒体元素，进行更丰富的网页效果设计。

 项目背景

网页设计的多媒体技术主要是指在网页上使用音视频、动画传递信息的一种方式。在网络传输速度越来越快的今天，允许网页嵌入丰富的音视频及动画内容，可以让页面视觉效果更绚丽，信息内容更丰富。在 HTML5 中使用<audio>和<video>标签能够进行音视频内容的添加，使用<svg>和<canvas>标签能够进行更丰富的图形图像与动画设计。本模块将通过 HTML5 多媒体标签的介绍与合理使用，设计 HTML5 多媒体网页。

 任务规划

本模块将完成企业官网首页中"关于我们"模块的布局与样式设计。

任务 "关于我们"模块的布局与样式设计

【任务概述】

本任务通过讲解<audio>、<video>、<svg>、<canvas>等标签的使用方法,帮助读者掌握 HTML5 多媒体网页设计,进行"关于我们"模块的布局与样式设计。

【知识准备】

1.1 HTML5 多媒体标签

HTML5 对音视频文件的格式和播放条件等都有所限制,因此要想在网页中嵌入音视频文件,首先需要选择符合要求的音视频格式并掌握其正确的使用方法。本任务将对 HTML5 多媒体标签的使用方法进行具体介绍。

1. <audio>标签

<audio>标签用于在文档中嵌入音频内容,目前支持 Ogg、MP3、WAV 三种格式。例如:

```
<audio src="crow.mp3" controls="controls"></audio>
```

其中,src 属性用于指定音频源地址;controls 属性用于控制音频控件是否可见,如果未添加该属性,则音频控件默认是不可见的。<audio>标签的页面效果如图 9-1 所示。

图 9-1 <audio>标签的页面效果

除了以上属性,还可以在<audio>标签中添加其他属性,用于定义更多的音频播放规则。<audio>标签的常见属性及取值如表 9-1 所示。

表 9-1 <audio>标签的常见属性及取值

属性	值	描述
autoplay	autoplay	如果出现该属性,则音频在就绪后马上播放
controls	controls	如果出现该属性,则向用户显示音频控件(比如播放/暂停按钮)
loop	loop	如果出现该属性,则每当音频结束时就重新开始播放
muted	muted	如果出现该属性,则音频被输出为静音的
preload	auto	auto:在页面加载后载入整个音频
	metadata	meta:在页面加载后只载入元数据
	none	none:在页面加载后不载入音频
src	URL	规定音频文件的 URL 地址,可以是网页文件地址或本地文件地址

不同浏览器对音频格式的支持有所不同,而<audio>标签可以包含多个音频资源(这些

音频资源可以使用<source>标签来描述），浏览器将会选择最合适的一个来使用。例如：

```
<audio controls="controls">
  <source src="crow.ogg" type="audio/ogg">
  <source src="crow.mp3" type="audio/mpeg">
  <source src="crow.wav" type="audio/wav">
</audio>
```

需要注意的是，Google Chrome 和绝大部分移动端浏览器都不支持<audio>标签中音频的自动播放。考虑到安全和移动端流量，这些音频需要等待用户的交互动作完成后才能进行播放。

2．<video>标签

<video>标签用于在文档中嵌入视频内容，目前支持 Ogg、MPEG4、WebM 三种格式。例如：

```
<video src="video.mp4" controls="controls"></video>
```

<video>标签的页面效果如图 9-2 所示。

图 9-2　<video>标签的页面效果

<video>标签的常见属性和使用方法与<audio>标签的一致，读者可参考<audio>标签的常见属性和使用方法。

Google Chrome 和绝大部分移动端浏览器不支持<video>标签中视频的有声自动播放，但是允许静音自动播放。使用方法如下：

```
<video src="video.mp4" autoplay="autoplay" muted="muted"></video>
```

在有些场景中，可以使用<video>标签静音自动播放的属性，将其当作网页背景元素使用，从而增强页面内容的感染力。需要注意的是，要兼顾视频体积和网页加载速度等多方面因素。

1.2　SVG 图形

SVG 是一种图形文件格式，意为可缩放矢量图形，它使用 XML 格式定义图形。SVG 图形与 JPEG 和 GIF 图形相比，其尺寸更小，且可压缩性更强，在放大或改变尺寸的情况下，其图形质量都不会有所损失。SVG 也有可以被 JavaScript 访问的文档对象模型和事件，允许开发者创建丰富的动画和可交互的图形。

1. SVG 图形的引用

可以通过标签将 SVG 文件嵌入 HTML5 文档，也可以将 SVG 代码直接嵌入 HTML 页面。

（1）使用\<embed\>标签。

```
<embed src="dog.svg" type="image/svg+xml" />
```

优势：所有主要浏览器都支持，并允许使用 SVG 中定义的脚本。

缺点：不推荐在 HTML4 和 XHTML 中使用（但在 HTML5 中允许使用）。

（2）使用\<object\>标签。

```
<object data="dog.svg" type="image/svg+xml"></object>
```

优势：所有主要浏览器都支持，并支持 HTML4、XHTML 和 HTML5 标准。

缺点：不允许使用 SVG 中定义的脚本。

（3）使用\<iframe\>标签。

```
<iframe src="dog.svg" frameborder="0"></iframe>
```

优势：所有主要浏览器都支持，并支持 HTML4、XHTML 和 HTML5 标准。

缺点：不允许使用 SVG 中定义的脚本。

（4）使用\<img\>标签。

```
<img src="dog.svg" alt="狗狗">
```

优势：与普通图形一样，SVG 图形同样可以直接被\<img\>标签引用，或者通过 background-image 属性的值进行显示，该方法通俗易懂。

缺点：大多数浏览器不会加载 SVG 自身引用的文件（如其他图形、字体文件等），且不允许使用 SVG 中定义的脚本。

（5）直接在 HTML 页面中嵌入 SVG 代码。

```
<svg xmlns="http://www.w3.org/2000/svg" >
    <circle cx="100" cy="50" r="40" stroke="black" stroke-width="2" fill="red" />
</svg>
```

2. SVG 语法和基础属性

SVG 代码的书写需要遵循一定的语法规则，例如：

```
<svg width="100px" height="100px" xmlns="http://www.w3.org/2000/svg" version="1.1"
viewBox="50 50 50 50">
    <circle cx="50" cy="50" r="50" style="fill:#7fff00" />
</svg>
```

SVG 属性声明代码都被放在顶层标签\<svg\>中。其中，width 属性和 height 属性指定了\<svg\>标签的宽度和高度。在 SVG 文件中，如果未声明 width 属性和 height 属性，则\<svg\>标签的宽度和高度为 100%，如果通过 HTML 标签将未声明 width 属性和 height 属性的 SVG 文件引入网页，则 SVG 图形的宽度和高度默认为 300px 和 150px。

xmlns 属性用于绑定命名空间，作为 XML 的一种方言，SVG 代码必须正确绑定命名空间，否则 SVG 图形将无法正常显示，如图 9-3 所示。

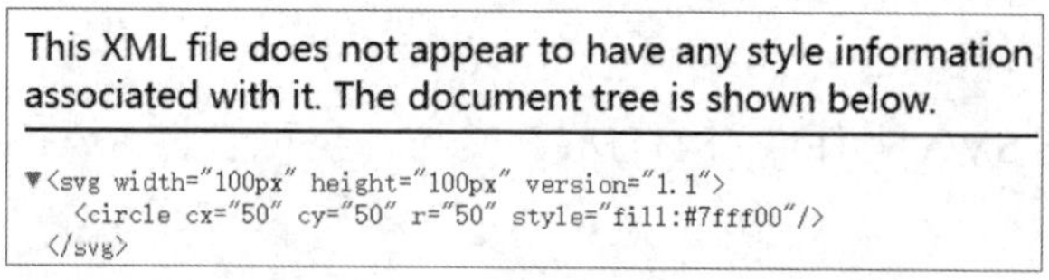

```
This XML file does not appear to have any style information
associated with it. The document tree is shown below.

▼<svg width="100px" height="100px" version="1.1">
   <circle cx="50" cy="50" r="50" style="fill:#7fff00"/>
 </svg>
```

图 9-3　SVG 图形无法正常显示

version 属性指定了 SVG 的版本，它只有 1.0 和 1.1 两个属性值。SVG 1.1 在 2003 年成为 W3C 推荐标准，它基于 SVG 1.0 增加了很多便于实现的模块化内容。SVG 1.1 的第二个版本在 2011 年成为推荐标准。SVG 2.0 采用了类似 CSS3 的制定方法，通过若干松散耦合的组件形成一套标准，但是 SVG 2.0 不再使用 version 属性。

viewBox 属性的值有 4 个数字，分别是左上角的横坐标和纵坐标、视口的宽度和高度。在前面的代码中，SVG 图形的宽度和高度都是 100px，viewBox 属性指定了视口从(50,50)这个点开始。所以，用户实际看到的是右下角的四分之一圆形。由于视口的大小是 50px× 50px，而 SVG 图形的大小是 100px×100px，所以视口会被放大以适配 SVG 图形的大小，即视口被放大了 4 倍。viewBox 属性效果如图 9-4 所示。

未添加viewBox属性　　　　添加viewBox属性后

图 9-4　viewBox 属性效果

需要注意的是，SVG 代码是标准的 XML，对大小写敏感。

3．SVG 图形绘制

SVG 有一些预定义的形状标签，可被开发者使用和操作，具体包括：
- 矩形标签<rect>。
- 圆形标签<circle>。
- 椭圆形标签<ellipse>。
- 线标签<line>。
- 多边形标签<polygon>。
- 折线标签<polyline>。
- 路径标签<path>。

下面将介绍主要的标签。

（1）<rect>标签。

<rect>标签可用于绘制矩形及矩形的变种，例如：

```
<svg width="250px" height="200px" xmlns="http://www.w3.org/2000/svg" version="1.1">
  <rect x="50" y="20" width="150" height="150" rx="20" ry="20"
```

```
        style="fill:red;stroke:orange;stroke-width:5;opacity:0.5"/>
    </svg>
```

本案例通过<rect>标签绘制了一个带边框的圆角矩形，如图 9-5 所示。在<rect>标签中，x、y 表示图形的 *X* 轴和 *Y* 轴起点位置；width、height 表示图形的宽度和高度；rx、ry 表示图形水平和垂直轴向的圆角半径尺寸；style 中的 fill 表示填充颜色、stroke 表示边框颜色；stroke-width 表示边框宽度，opacity 表示图形的透明度。

图 9-5　通过<rect>标签绘制矩形

（2）<circle>标签。

<circle>标签可用于绘制圆形，例如：

```
<svg xmlns="http://www.w3.org/2000/svg" version="1.1">
  <circle cx="50" cy="50" r="40" stroke="skyblue"
  stroke-width="5" fill="orange"/>
</svg>
```

本案例通过<circle>标签绘制了一个圆形，如图 9-6 所示。其中，cx、cy 用于定义圆心的 *X* 轴和 *Y* 轴坐标，如果省略 cx 和 cy，则圆心会被设置为(0,0)；r 用于定义圆形的半径。

图 9-6　通过<circle>标签绘制圆形

（3）<ellipse>标签。

<ellipse>标签可用于绘制一个椭圆形。椭圆形与圆形很相似，不同之处在于椭圆形有不同的水平半径和垂直半径，而圆形的半径是相同的。例如：

```
<svg xmlns="http://www.w3.org/2000/svg" version="1.1">
    <ellipse cx="120" cy="60" rx="100" ry="50" style="fill:yellow;stroke:purple;stroke-
width:3"/>
  </svg>
```

本案例通过<ellipse>标签绘制了一个椭圆形，如图 9-7 所示。其中，cx、cy 用于定义椭圆形中心点的 *X* 轴和 *Y* 轴坐标，rx、ry 用于定义椭圆形的水平半径和垂直半径。

图 9-7　通过<ellipse>标签绘制椭圆形

（4）<line>标签。

<line>标签可用于绘制一条线段，例如：

```
<svg xmlns="http://www.w3.org/2000/svg" version="1.1" width="300px" height="300x">
    <line x1="50" y1="10" x2="200" y2="10" style="stroke:#fa9668; stroke-width:3px;"/>
    <line x1="50" y1="30" x2="200" y2="70" style="stroke:#64f590; stroke-width:3px;"/>
    <line x1="50" y1="50" x2="200" y2="150" style="stroke:#c17af0; stroke-width:3px;"/>
    <line x1="50" y1="70" x2="50" y2="200" style="stroke:#f07abf; stroke-width:3px;"/>
</svg>
```

本案例通过<line>标签绘制了 4 条线段，如图 9-8 所示。其中，x1、y1 用于定义线段开始位置的 X 轴和 Y 轴坐标，x2、y2 用于定义线段结束位置的 X 轴和 Y 轴坐标。

图 9-8　通过<line>标签绘制线段

（5）<polygon>标签。

<polygon>标签可用于绘制含有不少于 3 条边的多边形。多边形是由线段组成的，其形状是封闭的（所有的线段必须连接起来）。例如：

```
<svg xmlns="http://www.w3.org/2000/svg" version="1.1" width="300px" height="300x">
  <polygon points="150,10 200,150 150,220 100,150" style="fill:pink;stroke:red;stroke-
width:4"/>
  </svg>
```

本案例通过<polygon>标签绘制了一个不规则四边形，如图 9-9 所示。

图 9-9　通过<polygon>标签绘制不规则四边形

其中，points 用于定义多边形每个顶点的 X 轴和 Y 轴坐标，其语法格式如下：

```
<polygon points="x1,y1  x2,y2  x3,y3  x4,y4"/>
```

（6）<polyline>标签。

<polyline>标签可用于绘制多条线段来连接多个点。典型的<polyline>标签用来创建一个开放的形状，最后一点不与第一点相连，例如：

```
<svg xmlns="http://www.w3.org/2000/svg" version="1.1">
    <polyline points="0,40 40,40 40,80 80,80 80,120 120,120 120,160"
    style="fill:white;stroke:black;stroke-width:4" />
</svg>
```

本案例通过<polyline>标签绘制了一个由多条线段组成的梯子，如图 9-10 所示。

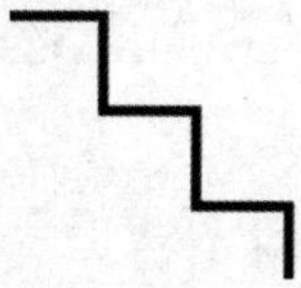

图 9-10 通过<polyline>标签绘制由多条线段组成的梯子

（7）<text>标签。

<text>标签用于定义文本。例如：

```
<svg xmlns="http://www.w3.org/2000/svg" version="1.1"
xmlns:xlink="http://www.w3.org/1999/xlink">
  <a xlink:href="https://developer.mozilla.org/" target="_blank">
    <text x="20" y="20" fill="red">SVG 文本</text>
  </a>
</svg>
```

本案例通过<text>标签定义了文本，如图 9-11 所示。其中，x、y 表示文本起始点的 X 轴和 Y 轴坐标，fill 表示文本的填充颜色。使用<a>标签能将文本变为链接文本。注意，需要为 xlink 属性指定命名空间 "http://www.w3.org/1999/xlink"。

SVG文本

图 9-11 通过<text>标签定义文本

（8）<image>标签。

标签可用于插入图形文件，例如：

```
<svg width="150px" height="150px" xmlns="http://www.w3.org/2000/svg" version="1.1"
    xmlns:xlink= "http://www.w3.org/1999/xlink">
  <image xlink:href="rain.png" width="100px" height="100px"/>
</svg>
```

本案例通过<image>标签插入了相应的图形，如图 9-12 所示。注意，必须指定 width 属性值和 height 属性值，否则它们将默认为 0，如果 width 属性值或 height 属性值等于 0，则不会呈现这个图形。

图 9-12 通过<image>标签插入图形

（9）<path>标签。

<path>标签可用于绘制一段路径。<path>标签的常用命令及用法如表 9-2 所示。

表 9-2 <path>标签的常用命令及用法

命令	名称	使用方法	解释说明
M	moveto	M x y	将笔移动到指定点(x,y)，而不进行绘制，类似画笔的起点
L	lineto	L x y	绘制一条从笔的当前位置到指定点(x,y)的线段
H	horizontal lineto	H x	沿着 X 轴移动一段距离
V	vertical lineto	V x	沿着 Y 轴移动一段距离
C	curveto	C x1 y1 x2 y2 x y	贝塞尔曲线 当前点为起点，(x,y)为终点，起点和(x1,y1)控制曲线起始的斜率，终点和(x2,y2)控制曲线结束的斜率
A	elliptical Arc	A rx ry x-axis-rotation large-arc-flag sweep-flag x y	弧形命令 rx 表示弧形的半长轴长度 ry 表示弧形的半短轴长度 x-axis-rotation 表示此段弧形所在的 X 轴与水平方向的夹角，其值为正数时表示 X 轴的逆时针旋转角度，其值为负数时表示 X 轴的顺时针旋转角度 large-arc-flag 值为 1 表示大角度弧线，值为 0 表示小角度弧线 sweep-flag 值为 1 表示从起点到终点弧线绕中心点顺时针方向，值为 0 表示从起点到终点弧线绕中心点逆时针方向 (x,y)为终点
Z	closepath	Z	闭合路径 从当前位置到起点画一条闭合线段

以上所有命令均允许采用小写字母。大写字母表示绝对定位，小写字母表示相对定位（即相对于当前画笔的位置进行定位）。

例如，通过<path>标签绘制一个箭头形状的路径：

```
<svg xmlns="http://www.w3.org/2000/svg" version="1.1">
  <path d="M 18,3 L 46,3 L 46,40 L 61,40 L 32,68 L 3,40 L 18,40 Z" fill="skyblue"
stroke="orange" stroke-width="3"/>
</svg>
```

其中，d 用于定义 path 元素的形状，其值是一个"命令+参数"的序列，效果如图 9-13 所示。

图 9-13 通过<path>标签绘制路径

（10）<use>标签。

<use>标签可用于复制一个图形，例如：

```
<svg xmlns="http://www.w3.org/2000/svg" version="1.1">
  <rect id="myrect" x="10" y="10" width="50" height="50" fill="#feac5e"/>
  <use href="#myrect" x="70" y="0" fill-opacity="50%" stroke="skyblue" />
</svg>
```

本案例通过<use>标签复制了一个矩形，并将其透明度设置为50%，如图9-14所示。

图 9-14　通过<use>标签复制图形

（11）<g>标签。

<g>标签可用于将多个形状组合为一个组（group），以便复用。例如：

```
<svg xmlns="http://www.w3.org/2000/svg" version="1.1">
  <g  id="myrect">
    <text x="60" y="40">矩形</text>
    <rect x="50" y="50" width="50" height="50" fill="#feac5e"/>
  </g>

  <use href="#myrect" x="70" y="0" fill-opacity="50%" stroke="skyblue" />
</svg>
```

本案例通过<use>标签复制了<g>标签组合的文本与矩形，如图9-15所示。

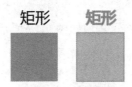

图 9-15　复制<g>标签组合的文本与矩形

（12）<defs>标签。

<defs>标签用于自定义形状，但该形状不会显示在页面上，仅供其他标签引用。例如：

```
<svg xmlns="http://www.w3.org/2000/svg" version="1.1">
  <defs>
    <circle id="mycircle" cx="50" cy="50" r="50" fill="pink"/>
  </defs>
  <use href="#mycircle" x="50" y="50" stroke="skyblue" stroke-width="4" />
</svg>
```

<defs>标签中的内容并未在页面上显示，但通过<use>标签可对其中的内容进行引用，如图9-16所示。

图 9-16　通过<defs>标签自定义的形状

4．SVG 图形变换

SVG 图形可以通过 transform 属性定义一系列应用于元素及其子元素的变换规则集合。transform 属性包括 translate、scale、rotate、skewX、skewY 几种变换方式。

（1）translate。

translate(x,y)方法通过 x 向量和 y 向量移动元素。如果 y 向量没有提供，那么其默认值为 0。

例如：

```
<svg  xmlns="http://www.w3.org/2000/svg">
  <!-- 原形状 -->
  <rect x="5" y="5" width="40" height="40" fill="red" />
  <!--水平平移-->
  <rect x="5" y="5" width="40" height="40" fill="yellow" transform="translate(50)" />
  <!--垂直平移 -->
  <rect x="5" y="5" width="40" height="40" fill="blue" transform="translate(0 50)" />
  <!-- 水平、垂直平移-->
  <rect x="5" y="5" width="40" height="40" fill="green" transform="translate(50,50)" />
</svg>
```

本案例通过 translate()方法平移元素，如图 9-17 所示。

图 9-17　通过 translate()方法平移元素

（2）scale。

scale(x,y)方法通过 x 和 y 指定一个等比例放大或缩小操作。如果 y 没有被提供，那么它将与 x 的值相等。

例如：

```
<svg  viewBox="-50 -50 200 200" width="250px" height="250px"  xmlns=
"http://www.w3.org/2000/svg">
  <!-- 等比例放大 4 倍 -->
  <circle cx="0" cy="0" r="10" fill="red" transform="scale(4)" />
  <!-- 垂直放大 4 倍 -->
```

```
<circle cx="0" cy="0" r="10" fill="yellow" transform="scale(1,4)" />
<!-- 水平放大 4 倍-->
<circle cx="0" cy="0" r="10" fill="pink" transform="scale(4,1)" />
<!-- 原始大小 -->
<circle cx="0" cy="0" r="10" fill="black" />
</svg>
```

本案例通过 scale()方法缩放元素，如图 9-18 所示。

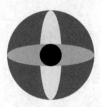

图 9-18　通过 scale()方法缩放元素

（3）rotate。

rotate(angle,x,y)方法通过一个给定角度（angle），围绕一个指定点(x,y)进行旋转变换。如果 x 和 y 没有被提供，则默认点为当前元素坐标系原点，否则以(x,y)为原点进行旋转变换。需要注意的是，angle 是无单位的值。

例如：

```
<svg viewBox="-15 -5 100 100" xmlns="http://www.w3.org/2000/svg">
    <rect X="0" Y="0" width="10" height="10" fill="orange" />
    <rect X="0" Y="0" width="10" height="10" fill="yellow" transform="rotate(100)" />
    <rect X="0" Y="0" width="10" height="10" fill="skyblue" transform="rotate
(100,10,10)" />
</svg>
```

本案例通过 rotate()方法旋转元素，如图 9-19 所示。

图 9-19　通过 rotate()方法旋转元素

（4）skewX。

skewX(angle)方法指定了沿 X 轴倾斜一定角度（angle）的变换方式。

例如：

```
<svg viewBox="-5 -5 100 100" xmlns="http://www.w3.org/2000/svg">
    <rect x="-3" y="-3" width="6" height="6" fill="gray" />
    <rect x="-3" y="-3" width="6" height="6" fill="red" transform="skewX(30)" />
</svg>
```

本案例通过 skewX()方法水平倾斜元素，如图 9-20 所示。

图 9-20　通过 skewX()方法水平倾斜元素

（5）skewY。

skewY(angle)方法指定了沿 *Y* 轴倾斜一定角度（angle）的变换方式。

例如：

```
<svg viewBox="-5 -5 100 100" xmlns="http://www.w3.org/2000/svg">
    <rect x="-3" y="-3" width="6" height="6" fill="gray" />
    <rect x="-3" y="-3" width="6" height="6" fill="red" transform="skewY(30)" />
</svg>
```

本案例通过 skewY()方法垂直倾斜元素，如图 9-21 所示。

图 9-21　通过 skewY()方法垂直倾斜元素

5. SVG 动画

（1）<animate>标签。

<animate>标签用于定义一个元素的某个属性在指定的持续时间内的变换效果。<animate>标签需要被放置于变换元素的内部。

<animate>标签的常用属性如表 9-3 所示。

表 9-3　<animate>标签的常用属性

属性	描述
attributeName	产生动画效果的属性名
values	产生变换的属性值。多个值之间使用分号隔开，如 values="0;5;0"，如果仅存在单段属性值过渡，也可以使用 from、to 关键字，如 from="0" to="500"
dur	单次动画的持续时间。单位为秒或毫秒
repeatCount	动画的重复次数。可以填写具体的次数或者令其无限循环（indefinite）

例如：

```
<svg viewBox="0 0 100 100" xmlns="http://www.w3.org/2000/svg">
    <rect width="10" height="10" fill="yellowgreen">
        <animate attributeName="rx" values="0;5;0" dur="5s" repeatCount="indefinite" />
```

```
    </rect>
  </svg>
```

图形不断在矩形和圆形之间进行过渡变化，效果如图 9-22 所示。

图 9-22 过渡变化效果

（2）<animateTransform>标签。

<animate>标签对 transform 属性不起作用，如果需要通过 transform 属性产生动画，则可以使用<animateTransform>标签。

例如：

```
<svg xmlns="http://www.w3.org/2000/svg" version="1.1" width="300px" height="300px">
    <polygon points="150,10 160,80 150,110 140,80" style="fill:#4bc0c8">
        <animateTransform attributeName="transform" type="rotate" dur="10s"
from="0 150 110" to="360 150 110" repeatCount="indefinite" />
    </polygon>
</svg>
```

在以上代码中，<animateTransform>标签通过 attributeName 指定需要产生变换的属性（transform）；type 用于指定变换的类型，该类型值可以是 translate、scale、rotate、skewX、skewY；from 和 to 有 3 个参数，第一个参数为变换值，第二个参数和第三个参数是变换中心点的坐标值。在本案例中，from="0 150 110"表示动画开始时角度为 0，在点(150,110)处开始旋转；to="360 150 110"表示动画结束时角度为 360，在点(150, 110)处停止旋转。repeatCount 的值为"indefinite"，表示动画循环播放，效果如图 9-23 所示。

图 9-23 多边形围绕点
(150,110)旋转

1.3 Canvas

Canvas 表示画布，同样可用于绘制图形与设计动画。与 SVG 图形不同的是，Canvas 图形为位图，而 SVG 图形为矢量图形。Canvas 主要通过 JavaScript 进行图形绘制，由于 Canvas 图形渲染性能高，因此经常被用于网页游戏、数据展示等场景。

<canvas>标签和<img>标签很像，不同之处在于，<canvas>标签没有 src 属性和 alt 属性。实际上，<canvas>标签只有 width 属性和 height 属性，且这些属性都是可选的，当没有设置 width 属性和 height 属性时，<canvas>会初始化宽度为 300px、高度为 150px。此处仅对 Canvas 图形的绘制进行初步了解。

1. 使用画布

在使用<canvas>标签进行图形绘制时，首先需要准备好一张画布和一支"画笔"。例如：

```
<body>
    <canvas id="myCanvas" width="250" height="250"></canvas>
</body>


<script>
    // 获取画布
    let myCanvas = document.querySelector("#myCanvas");
    // 准备"画笔"
    let ctx = myCanvas.getContext("2d");
</script>
```

以上代码首先在 HTML 页面中绘制了一张宽度和高度均为 250px，id 名称为"myCanvas"的画布。然后在 JavaScript 代码中通过 document.querySelector()方法获取画布，并赋值给 myCanvas 对象。最后通过 myCanvas 对象生成一支用于 2D 图形绘制的"画笔"——ctx，如果需要绘制 3D 图形，则可以将参数"2d"换成"webgl"。

2. 绘制折线

在 Canvas 图形的绘制过程中，可以通过 moveTo()方法指定图形绘制的起点坐标，通过 lineTo()方法指定下一个点的坐标，最后通过 stroke()方法进行线条描边。例如，通过以下代码绘制线条，效果如图 9-24 所示。

```
<body>
    <canvas id="myCanvas" width="250" height="250"></canvas>
</body>
<script>
    let myCanvas = document.querySelector("#myCanvas");
    let ctx = myCanvas.getContext('2d');
    //绘制线条
    ctx.moveTo(50,50)                //指定起点坐标
    ctx.lineTo(100,100)              //指定下一个点的坐标
    ctx.lineTo(150,50)
    ctx.lineTo(200,100)
    ctx.lineWidth="3"               //折线宽度
    ctx.strokeStyle="skyblue";      //折线颜色
    ctx.stroke();                   //进行线条描边
</script>
```

图 9-24　绘制折线

3. 绘制形状

不同于 SVG 图形，Canvas 只支持绘制矩形和路径。所有其他类型的图形都是通过一

条或者多条路径组合而成的。

（1）绘制矩形。

Canvas 矩形可以通过 fillRect()方法进行绘制，其语法格式如下：

```
fillRect(x, y, width, height)
```

例如，通过以下代码绘制一个绿色的矩形：

```
<body>
    <canvas id="myCanvas" width="250" height="250"></canvas>
</body>
<script>
    let myCanvas = document.querySelector("#myCanvas");
    let ctx = myCanvas.getContext('2d');
    ctx.fillStyle = "green";
    ctx.fillRect(10,10,200,100);
</script>
```

（2）绘制多边形。

Canvas 可以通过绘制闭合路径和填充路径来生成多边形。例如，通过以下代码绘制三角形，效果如图 9-25 所示。

```
<body>
    <canvas id="myCanvas" width="250" height="250"></canvas>
</body>
<script>
    let myCanvas = document.querySelector("#myCanvas");
    let ctx = myCanvas.getContext('2d');
    ctx.beginPath();                    //开始绘制路径
    ctx.moveTo(100,0);                  //指定起点坐标
    ctx.lineTo(200,100);                //指定下一个点的坐标
    ctx.lineTo(0,100);
    ctx.fillStyle="red";                //指定填充颜色
    ctx.fill();                         //填充多边形
</script>
```

图 9-25　绘制三角形

（3）绘制圆弧。

Canvas 圆弧可以通过 arc()方法进行绘制，其语法格式如下：

```
arc(x, y, radius, startAngle, endAngle, anticlockwise)
```

其中，x、y 表示圆心的 X 轴和 Y 轴坐标；radius 表示圆弧的半径；startAngle 和 endAngle 分别表示圆弧的起点位置和终点位置；anticlockwise 为可选值，如果其值为 true，则逆时针

绘制圆弧，否则顺时针绘制圆弧。

例如，通过以下代码绘制半圆形，如图 9-26 所示。

```html
<body>
    <canvas id="myCanvas" width="250" height="250"></canvas>
</body>
<script>
    let myCanvas = document.querySelector("#myCanvas");
    let ctx = myCanvas.getContext('2d');
    ctx.beginPath();                            //开始绘制路径
    ctx.arc(75, 75, 50, 0, 1 * Math.PI);        //2*Math.PI 为一个完整的圆形
    ctx.lineTo(125,75)
    ctx.fillStyle="orange"
    ctx.fill()
</script>
```

图 9-26   绘制半圆形

【任务实施】

根据图 9-27 完成"关于我们"模块的布局与样式设计。

巨巨新闻 More +		社会招聘 More +	
小智云平台2.0上线，AI督导助手、测评中心功能发布	12-25	前端开发工程师（10名）	12-25
巨巨新IT学院与多家上市企业达成战略合作协议	02-25	Java开发工程师（20名）	01-25
1+X Web前端开发在线考试系统正式上线	02-28	大数据运维工程师（若干）	02-21
巨巨新IT学院，大数据系列教材发售	03-22	算法工程师（3名）	03-25
小智云平台已建成各类ICT精品课程500多门	03-25	高级PHP工程师（2人）	03-25

图 9-27   "关于我们"模块效果

（1）在 index.html 文件的\<main\>标签中布局"关于我们"模块，左侧为新闻栏，右侧为招聘栏，并在 index.css 文件中设置对应的样式。

index.html 文件：

```html
<!-- 主体内容区域 -->
<main>
    <!-- "关于我们"模块 -->
    <div class="content mt">
        <!-- 左侧新闻栏 -->
        <div class="news"></div>
```

```
        <!-- 右侧招聘栏 -->
        <div class="recruitment"></div>
    </div>
</main>
```

index.css 文件：

```css
/* 内容栏 */
.content{
    width: 100%;
    height: 310px;
}
.news,.recruitment{
    width: 50%;
    height: 100%;
    float: left;
    overflow: hidden;
    font-size: 14px;
}
```

（2）左侧新闻栏和右侧招聘栏都具有独立结构，可以使用<article>标签进行布局，并使用<header>标签和<section>标签划分标题与内容区域。

```html
<!-- 主体内容区域 -->
<main>
    <!-- "关于我们"模块 -->
    <div class="content mt">
        <!-- 左侧新闻栏 -->
        <div class="news">
            <article>
                <header class="con_header header_bg"></header>
                <section></section>
            </article>
        </div>
        <!-- 右侧招聘栏 -->
        <div class="recruitment">
            <article>
                <header class="con_header"></header>
                <section></section>
            </article>
        </div>
    </div>
</main>
```

（3）头部区域中的图标可以通过阿里巴巴矢量图标库进行设计，效果如图 9-28 所示。

阿里巴巴矢量图标库是国内一款功能强大且图标内容丰富的矢量图标库，提供矢量图标下载、在线存储、格式转换等功能。打开阿里巴巴矢量图标库官网，搜索需要的图标，如图 9-29 所示。

图 9-28 矢量图标效果展示

图 9-29 阿里巴巴矢量图标库官网

在搜索结果中筛选"多色图标",并选择需要的图标进行下载,如图 9-30 所示。

图 9-30 阿里巴巴矢量图标库图标搜索示意图

单击相应的下载按钮,注册并登录之后进行图标下载,此处在下载模式中选择"SVG 下载"选项,如图 9-31 所示。

图 9-31 阿里巴巴矢量图标库文件下载示意图

将下载的 SVG 文件重命名，并放置在 img 文件夹中。

（4）布局头部区域，并对其样式进行设计，效果如图 9-32 所示。

index.html 文件：

```
<main>
    <div class="content mt">
        <!-- 左侧新闻栏 -->
        <div class="news">
            <article>
                <header class="con_header header_bg">
                    <img src="img/news.svg" alt="巨巨新闻" class="icon">
                    <h1>巨巨新闻</h1>
                    <a class="more_btn" href="#">
                        More
                        <sup>+</sup>
                    </a>
                </header>
                <section></section>
            </article>
        </div>
        <!-- 右侧招聘栏 -->
        <div class="recruitment">
            <article>
                <header class="con_header">
                    <img src="img/recruitment.svg" alt="社会招聘" class="icon">
                    <h1>社会招聘</h1>
                    <a class="more_btn" href="#">
                        More
                        <sup>+</sup>
                    </a>
                </header>
                <section></section>
            </article>
        </div>
    </div>
</main>
```

index.css 文件：

```
.con_header{
    width: 100%;
    height: 65px;
    padding: 15px;
    background-size: cover;
}
```

```
.header_bg{
    background: url(../img/newsbg.png) no-repeat;
}
/* SVG 图标样式 */
.icon{
    width: 30px;
    height: 30px;
    display: inline-block;
    vertical-align: middle;
}
.con_header h1{
    display: inline-block;
    vertical-align: middle;
    margin:0 25px 0 5px;
}
.more_btn{
    display: inline-block;
    width: 64px;
    text-align: center;
    height: 24px;
    border-radius: 8px;
    color: #30bd74;
    border: 1px solid #38b774;
    display: inline-block;
    vertical-align: middle;
}
.more_btn sup{
    font-size: 12px;
    line-height: 0;
}
.more_btn:hover{
    background: #38b774;
    color: white;
}
```

图 9-32　新闻栏和招聘栏的头部区域效果

（5）在新闻栏和招聘栏的<section>标签中布局无序列表，用于设计新闻内容和招聘信息。无序列表结构如下。

index.html 文件：

```
<section>
```

```
    <ul>
        <li>
            <a href="#">小智云平台 2.0 上线，AI 督导助手、测评中心功能发布</a>
            <span>12-25</span>
        </li>
        <li>......</li>
        <li>......</li>
    </ul>
</section>
```

（6）在 index.css 文件中为列表区域中的内容添加相应样式，效果如图 9-33 所示。

index.css 文件：

```
/* 列表样式 */
.content ul{
    list-style: none;
    padding: 0 15px;
}
.content ul li{
    border-bottom: 1px solid #dbe1e7;
    padding: 10px 0;
    line-height: 28px;
}
.content ul li a{
    display: inline-block;
    /* 列表超出宽度部分显示为省略号*/
    width: 75%;
    overflow: hidden;
    text-overflow: ellipsis;
    white-space: nowrap;
    vertical-align: top;
}
.content ul li span{
    float: right;
}
```

巨巨新闻 More +		社会招聘 More +	
小智云平台2.0上线，AI督导助手、测评中心功能发布	12-25	前端开发工程师（10名）	12-25
巨巨新IT学院与多家上市企业达成战略合作协议	02-25	Java开发工程师（20名）	01-25
1+X Web前端开发在线考试系统正式上线	02-28	大数据运维工程师（若干）	02-21
巨巨新IT学院，大数据系列教材发售	03-22	算法工程师（3名）	03-25
小智云平台已建成各类ICT精品课程500多门	03-25	高级PHP工程师（2人）	03-25

图 9-33　新闻栏和招聘栏的列表区域效果

（7）为列表添加 hover 样式，设计鼠标指针移入时的交互效果。

index.css 文件：

```css
/* 为列表添加 hover 样式 */
.recruitment article{
    background:rgba(59, 192, 122, 0.85);
}
.news ul li:hover a, .news ul li:hover span{
    color: #38b774;
}
.recruitment .con_header h1,.recruitment ul li a,.recruitment ul li span{
    color: white;
}
.recruitment .more_btn{
    color: white;
    border: 1px solid white;
}
.recruitment .more_btn:hover{
    background: white;
    color: #38b774;
    border: 1px solid white;
}
.recruitment ul li:last-child{
    border: none;
}
.recruitment ul li:hover a, .recruitment ul li:hover span{
  font-size: 15px;
}
```

（8）招聘栏的背景是一段无声的动态视频，因为在一些特定场合，将视频当作网页背景元素使用，能够增强页面内容的感染力。此处可以采用绝对定位的方式对层级加以控制，将视频置于招聘栏底部，当作动态背景使用，效果如图 9-34 所示。

index.html 文件：

```html
<main>
    <div class="content mt">
        <!-- 左侧新闻栏 -->
        <div class="news"></div>
        <!-- 右侧招聘栏 -->
        <div class="recruitment">
            <article></article>
            <!-- 将视频设置为无声的、自动播放的循环播放模式 -->
            <video id="myvideo" src="./img/video.mp4" muted autoplay loop></video>
        </div>
    </div>
</main>
```

index.css 文件：

```
/* 视频背景设置 */
.recruitment{
    position: relative;
}
.recruitment article{
    position: absolute;
    z-index: 1000;
    width: 100%;
    height: 100%;
    background:rgba(59, 192, 122, 0.85);
}
.recruitment #myvideo{
    position: absolute;
    width: 120%;
    z-index: 900;
    filter:brightness(80%) blur(2px);
}
```

巨巨新闻 More +		社会招聘 More +	
小智云平台2.0上线，AI督导助手、测评中心功能发布	12-25	前端开发工程师 (10名)	12-25
巨巨新IT学院与多家上市企业达成战略合作协议	02-25	Java开发工程师 (20名)	01-25
1+X Web前端开发在线考试系统正式上线	02-28	大数据运维工程师 (若干)	02-21
巨巨新IT学院，大数据系列教材发售	03-22	算法工程师 (3名)	03-25
小智云平台已建成各类ICT精品课程500多门	03-25	高级PHP工程师 (2人)	03-25

图 9-34　新闻栏和招聘栏的最终效果

【任务拓展】

使用 HTML5 多媒体标签完成音乐播放器的设计，效果如图 9-35 所示。当单击播放按钮时，唱片开始匀速旋转，当单击暂停按钮时，唱片停止旋转。

图 9-35　音乐播放器效果

【练习与思考】

1. 单选题

（1）在 Canvas 图形的绘制过程中，可以通过（　　）方法指定图形绘制的起点坐标。

A．moveTo()　　　　B．lineTo()　　　　C．stroke()　　　　D．move()

（2）以下变换方式中通过 x 和 y 指定等比例放大或缩小操作的是（　　）。

A．translate　　　　B．scale　　　　C．rotate　　　　D．skew

（3）以下变换方式中可以让元素按照一定角度进行旋转的是（　　）。

A．translate　　　　B．scale　　　　C．rotate　　　　D．skew

2. 多选题

（1）<video>标签用于在文档中嵌入视频内容，目前支持的格式有（　　）。

A．Ogg　　　　B．MPEG4　　　　C．WebM　　　　D．MP4

（2）transform 属性包括的变换方式有（　　）。

A．translate　　　　B．scale　　　　C．rotate　　　　D．skew

（3）SVG 包括的预定义形状标签有（　　）。

A．矩形标签<rect>　　　　　　　　B．圆形标签<circle>

C．线标签<line>　　　　　　　　　D．多边形标签<polygon>

3. 判断题

（1）SVG 图形与 JPEG 和 GIF 图形相比，其尺寸更小，且可压缩性更强，在放大或改变尺寸的情况下，其图形质量会有所损失。　　　　　　　　　　　　　（　　）

（2）可以直接在 HTML 页面中嵌入 SVG 代码。　　　　　　　　　　　（　　）

（3）<animate>标签用于定义一个元素的某个属性在指定的持续时间内的变换效果。

（　　）

模块 10

移动端网页设计

本模块主要介绍视口、相对长度单位、flex 布局等移动端网页开发知识，并根据相关知识进行移动端网页设计。

 知识目标

掌握视口和视口的设置方法；
掌握 CSS3 中常见相对长度单位的使用方法；
掌握 flex 布局的方式。

模块 10 微课

 技能目标

能够合理应用相对长度单位和 flex 布局进行移动端网页设计。

 项目背景

目前，手机产业高速发展，越来越多的人通过手机浏览和获取信息。正因如此，移动端网页的开发变得尤为重要。本模块通过对视口、相对长度单位、flex 布局等移动端网页开发知识的讲解，帮助读者掌握移动端网页的开发技巧，并能够根据设计图完成移动端响应式网页的布局设计。

 任务规划

本模块将完成移动端宣传页和首页的设计。

任务 1　移动端宣传页设计

【任务概述】

　　本任务主要通过对视口和相对长度单位的讲解，帮助读者了解移动端网页开发中的视口设置方法和布局技巧，并能够进行简单的移动端宣传页设计。

【知识准备】

1.1　视口

　　视口（Viewport）是移动端网页开发中一个非常重要的概念，其目的是让手机屏幕尽可能完整地显示整个网页。无论网页原始的分辨率尺寸有多大，开发者通过设置视口都能将其缩小显示在手机浏览器上，从而保证网页在手机浏览器上看起来像在桌面浏览器上一样。视口，简单来说就是浏览器显示页面内容的屏幕区域。移动端浏览器中存在 3 种视口，分别是布局视口（Layout Viewport）、视觉视口（Visual Viewport）和理想视口（Ideal Viewport）。

　　1．布局视口

　　布局视口可以被看作网页的实际宽高区域，一般移动端浏览器都默认设置了布局视口的宽度。根据设备的不同，布局视口的默认宽度可能是 768px、980px、1024px 等。

　　2．视觉视口

　　视觉视口可以被看作浏览器可视窗口的宽高区域。PC 端浏览器可视窗口支持随意改变大小，用户可以直观地看到视觉视口的变化。而移动端一般是不支持改变浏览器可视窗口宽高的，所以视觉视口就是其屏幕大小。视觉视口与布局视口如图 10-1 所示。

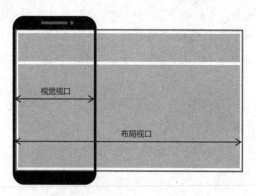

图 10-1　视觉视口与布局视口

　　3．理想视口

　　理想视口是指相对设备而言最理想的视口尺寸。采用理想视口可以使网页在移动端浏览器上获得最佳的浏览和阅读的宽度。在采用理想视口的情况下，布局视口的宽度和屏幕宽度是一致的，这样就不需要左右滚动页面了。在移动端网页的开发过程中，为了实现理想视口，需要给移动端网页添加标签配置视口，通知浏览器进行处理，如图 10-2 所示。

图 10-2　理想视口

4. 视口设置

在移动端网页中，可以通过<meta>标签进行视口设置。具体代码如下：

```
<meta name="viewport" content="width=device-width, initial-scale=1.0, maximum-scale=1.0,
    minimum-scale=1.0, user-scalable=no" />
```

<meta>标签的属性及描述如表 10-1 所示。

表 10-1　<meta>标签的属性及描述

属性	描述
width	设置布局视口的宽度。取值为正整数或 width-device，width-device 表示布局视口为当前设备宽度
initial-scale	设置页面的初始缩放值
maximum-scale	允许的最大缩放值
minimum-scale	允许的最小缩放值
user-scalable	是否允许用户进行页面缩放，取值为 no 或 yes。no 表示不允许，yes 表示允许

在以下示例代码中，如果未进行视口设置，则浏览器的显示效果如图 10-3 所示。在进行视口设置后，布局视口和设备的宽度一致，实现了理想视口的设置，浏览器的显示效果如图 10-4 所示。

```
<!DOCTYPE html>
<html lang="en">
<head>
    <meta charset="UTF-8">
    <meta http-equiv="X-UA-Compatible" content="IE=edge">
    <!-- 视口设置 -->
    <meta name="viewport" content="width=device-width, initial-scale=1.0, maximum-scale=1.0, minimum-scale=1.0, user-scalable=no" />
    <title>北京介绍</title>
```

```
    </head>
    <body>
        <img src="bj.jpg" alt="北京" width="330" height="250">
        <p>北京地处中国北部，是中国的首都。</p>
    </body>
    </html>
```

图 10-3　未设置视口效果

图 10-4　已设置视口效果

1.2　相对长度单位

在传统的网页开发项目中，常用的单位有像素（px）、百分比（%）等，它们可以适用于大部分的 PC 端网页开发项目，且具有良好的兼容性。从 CSS3 开始，浏览器对逻辑单位的支持度得到了提高，新增了 vw、vh、vmin、vmax、rem 等相对长度单位。利用这些新增的相对长度单位能够开发出良好的响应式页面，适用于多种不同分辨率的移动端设备。下面我们一起来认识 CSS3 中这些相对长度单位。

1. 视口单位

vw、vh、vmin、vmax 是视口单位，也是相对长度单位。它们的大小是由视口（Viewport）决定的，其描述如表 10-2 所示。

表 10-2　视口单位及描述

视口单位	描述
vw	vw 即视口宽度（Viewport Width）。1vw 相当于视口宽度的 1%
vh	vh 即视口高度（Viewport Height）。1vh 相当于视口高度的 1%
vmin	当前 vw 和 vh 中较小的值
vmax	当前 vw 和 vh 中较大的值

例如：

```
<!DOCTYPE html>
<html lang="en">
<head>
    <meta charset="UTF-8">
    <meta http-equiv="X-UA-Compatible" content="IE=edge">
    <meta name="viewport" content="width=device-width, initial-scale=1.0">
    <title>视口单位</title>
    <style>
        .box{
            width: 30vw;
            height: 20vh;
            background: skyblue;
        }
    </style>
</head>
<body>
    <div class="box"></div>
</body>
</html>
```

在浏览器调试窗口中通过拖动改变页面大小，可以观察到 box 容器的大小随着视口的变化而变化，如图 10-5 所示。

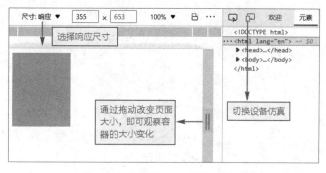

图 10-5　容器的大小变化示意图

在使用视口单位时需要注意以下几点。

- 视口单位和百分比单位有一定的区别，视口单位的大小是由视口决定的，而百分比单位是指继承父元素宽度和高度的百分比值。它们相对的对象不同。
- 视口单位是相对长度单位，它们会随着视口的变化而变化。当移动设备由竖屏变为横屏时，视口单位也将随之改变，如图 10-6 所示。

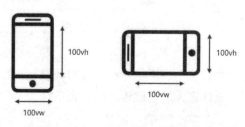

图 10-6　视口单位随横竖屏进行转换

2. rem

rem 是一个相对长度单位，常用于响应式页面。1rem 等于根节点（html 节点）的 font-size 值。因为 Google Chrome 等 WebKit 内核浏览器的根节点文字大小默认为 16px，所以 1rem 的默认大小为 16px。

例如：

```
<!DOCTYPE html>
<html lang="en">
<head>
    <meta charset="UTF-8">
    <meta http-equiv="X-UA-Compatible" content="IE=edge">
    <meta name="viewport" content="width=device-width, initial-scale=1.0">
    <title>rem</title>
    <style>
        html{
            font-size: 100px;
        }
        .box{
            width: 1rem;
            height: 1rem;
            background: red;
        }
    </style>
</head>
<body>
    <div class="box"></div>
</body>
</html>
```

在以上代码中，根节点文字大小为 100px，所以 box 容器的 1rem 的宽度和高度就等于 100px，如图 10-7 所示。

在使用 rem 进行页面的响应式设计时，往往需要配合使用媒体查询功能。下面介绍一下网页的媒体查询功能。

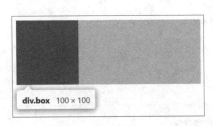

图 10-7　rem 使用效果

3. 媒体查询功能

媒体查询功能提供了一种应用 CSS 样式的规则和方法。当浏览器和设备的环境与指定的规则相匹配时，规则下的 CSS 样式才会被应用。媒体查询的基础语法格式如下：

```
<style>
    @media media-type and (media-rule) {
```

```
        /* 符合条件时，被应用的 CSS 样式 */
    }
</style>
```

其中，media-type 为媒体类型，具体包括：

- all（用于所有媒体类型设备）。
- print（用于所有媒体类型设备）。
- screen（用于所有媒体类型设备）。
- speech（用于大声"读出"页面的屏幕阅读器）。

media-rule 是一个媒体表达式，它包含 CSS 样式生效所需的规则。例如，通过以下媒体查询代码实现两种尺寸屏幕的响应式布局：

```
<!DOCTYPE html>
<html lang="en">
<head>
    <meta charset="UTF-8">
    <meta http-equiv="X-UA-Compatible" content="IE=edge">
    <meta name="viewport" content="width=device-width, initial-scale=1.0">
    <title>狗狗</title>
    <style>
        @media screen and (min-width:320px){
            /* 当设备尺寸大于或等于 320px 时，根节点文字大小为 100px */
            html{font-size: 100px;}
        }
        @media screen and (min-width:640px){
            /* 当设备尺寸大于或等于 640px 时，根节点文字大小为 200px */
            html{font-size: 200px;}
        }
        /* 设置图像宽度和高度为 1rem */
        img{
            width: 1rem;
            height: 1rem;
        }
    </style>
</head>
<body>
    <img src="dog.svg" alt="狗狗">
</body>
</html>
```

在浏览器调试窗口中对屏幕进行放大/缩小，当屏幕尺寸为 320～640px 时，图像宽度和高度均为 100px，当屏幕尺寸大于或等于 640px 时，图像宽度和高度均为 200px。本案例通过使用媒体查询功能和 rem，实现了一个响应式页面的布局，如图 10-8 所示。

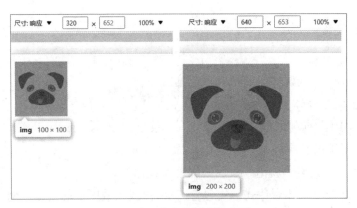

图 10-8　响应式页面的布局

【任务实施】

使用 vw 和 rem 都能够实现页面的响应式布局，这两种布局方案各有利弊。在使用 rem 进行页面的响应式布局时，需要和根节点的 font-size 值强耦合，当系统字体被放大或缩小时，可能会导致布局错乱。在使用 vw 进行页面的响应式布局时，需要考虑一定的兼容性问题，只有 iOS8、Android 4.4 及以上版本才能完全支持。所以，响应式页面实现方案的选择还需要根据项目实际情况来确定。本任务将使用 vw 进行移动端宣传页的响应式布局设计，效果如图 10-9 所示。

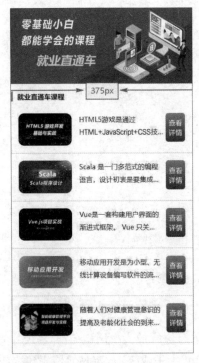

图 10-9　移动端宣传页效果

（1）在 html 文件夹中新建 adv_mobile.html 文件，在 css 文件夹中新建 adv_m.css 文件，

用于设计移动端宣传页。

（2）在 adv_mobile.html 文件中引入 reset.css 文件和 adv_m.css 文件，并对页面视口进行设置。

```
<head>
    <meta charset="UTF-8">
    <meta http-equiv="X-UA-Compatible" content="IE=edge">
    <meta name="viewport" content="width=device-width, initial-scale=1.0">
    <title>产品宣传页</title>
    <link rel="stylesheet" href="../css/reset.css">
    <link rel="stylesheet" href="../css/adv_m.css">
</head>
```

（3）根据设计图布局页面结构。

```
<body>
    <!-- 顶部广告图 -->
    <div class="banner">
        <img src="img/ad_banner.png" alt="就业直通车课程">
    </div>
    <!-- 主体内容 -->
    <main>
        <article>
            <!-- 标题 -->
            <header class="ad_title">
                <h4>就业直通车课程</h4>
            </header>
            <!-- 课程列表 -->
            <section></section>
        </article>
    </main>
</body>
```

（4）设计图的宽度为 375px，在此我们可以进行一下 px 和 vw 的单位转换，即 100vw=375px。例如，设计图中按钮的宽度为 40px，在响应式页面中该按钮的宽度应写为 "40*100vw/375"。

在 CSS 中，可以通过 calc()函数进行加减乘除的运算，即该按钮的宽度应写为：

```
width: calc(40*100vw/375);
```

（5）在 adv_m.css 文件中设置页面响应式字体和广告图样式。

```
body{
    font-size: calc(14*100vw/375) ;
}
/* 广告图 */
.banner>img {
    width: 100%;
}
```

（6）在 adv_m.css 文件中设置 header 样式。

```css
/* header 样式 */
.ad_title {
    margin: calc(8*100vw/375) 0;
}
.ad_title::before {
    content: "";
    width: calc(4*100vw/375);
    height: calc(20*100vw/375);
    background: #30bd74;
    display: inline-block;
    vertical-align: middle;
    margin-right: calc(5*100vw/375);
}
.ad_title h4 {
    display: inline-block;
    vertical-align: middle;
}
```

（7）在 adv_mobile.html 文件中使用无序列表布局课程信息列表内容。

```html
<!-- 课程列表 -->
<section>
    <ul class="ad_list">
        <li>
            <a href="#">
                <img src="../img/c08.jpg" alt="Vue 豆瓣项目开发">
                <p>本项目采用一个基于豆瓣官方公开的 API 接口，使用 Vue2.x 全家桶实现。</p>
                <button>查看<br>详情</button>
            </a>
        </li>
        ......
    </ul>
</section>
```

（8）设置无序列表的样式。

```css
/* 课程列表 */
.ad_list li {
    padding: calc(10*100vw/375);
    /* 宽度为 1px 的边框不做转换 */
    border-bottom: 1px solid #e0e0e0;
    overflow: hidden;
}


.ad_list li img {
    /* 课程图片宽度设置 */
    width: calc(110*100vw/375);
```

```
    border-radius: calc(12*100vw/375);;
    float: left;
}


.ad_list li p {
    /* 文字列表宽度设置 */
    width:   calc(170*100vw/375);;
    margin-left: calc(15*100vw/375);;
    line-height: 1.8;
    float: left;
    /* 设置文字超出两行即显示省略号 */
    display: -webkit-box;
    overflow: hidden;
    -webkit-line-clamp: 2;
    -webkit-box-orient: vertical;
}
.ad_list li button{
    /* 设置按钮样式 */
    float: right;
    width:   calc(40*100vw/375);;
    height: calc(58*100vw/375);;
    border: none;
    outline: none;
    background:linear-gradient(#30bd74,#016a34);
    color: white;
    border-radius: calc(6*100vw/375);;
}
```

　　在浏览器调试窗口中选择响应式尺寸，改变视口的大小，观察整个页面的响应式效果变化情况，如图 10-10 所示。

图 10-10　响应式效果展示

【任务拓展】

请根据所学内容,在本任务的基础上完成广告栏切换效果设计。

任务 2　移动端首页设计

【任务概述】

flex 布局是一种当页面需要适应不同的屏幕大小及设备类型时确保元素具有恰当行为的布局方式。对于响应式页面,使用 flex 布局能够更加方便地实现页面元素的排版和布局。本任务主要介绍 flex 布局的使用方法,并通过 flex 布局设计移动端首页。

【知识准备】

使用 flex 布局的元素拥有强大的空间分布和对齐能力。下面将对 flex 布局中涉及的主要属性进行介绍。

1. 基本概念

flex 是 flexible box 的缩写,意为“弹性布局”。如果需要使用 flex 布局,则可以直接在元素的样式上使用如下代码:

```
display: flex;
```

使用 flex 布局的元素称为 flex 容器(flex container),它的所有子元素称为 flex 项目(flex item)。flex 容器默认存在两根轴线,即主轴和交叉轴,默认主轴为水平方向的,交叉轴为垂直方向的,flex 项目沿着主轴的方向进行排列,如图 10-11 所示。

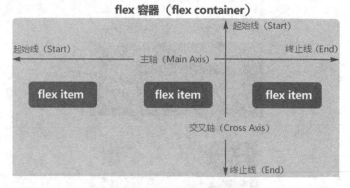

图 10-11　flex 容器

2. flex 容器属性

flex 容器属性主要包括 flex-direction、justify-content、align-items、flex-wrap、align-content、flex-flow 等。下面将对 flex 容器属性的使用方法进行具体介绍。

（1）flex-direction 属性。

flex-direction 属性决定了主轴的方向。该属性拥有如下 4 个取值：

```
flex-direction: row | row-reverse | column | column-reverse;
```

flex-direction 属性效果如图 10-12 所示。

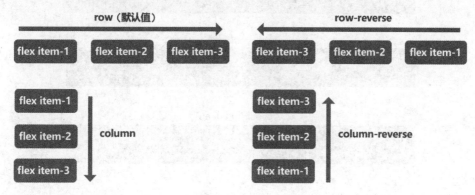

图 10-12　flex-direction 属性效果

（2）justify-content 属性。

justify-content 属性定义了项目在主轴上的对齐方式。其使用方法如下，取值如表 10-3 所示。

```
justify-content: flex-start | flex-end | center | space-between | space-around |
space-evenly;
```

表 10-3　justify-content 属性的取值

值	描述
flex-start	从行首开始排列。每行第一个弹性元素与行首对齐，同时所有后续的弹性元素与前一个元素对齐
flex-end	从行尾开始排列。每行最后一个弹性元素与行尾对齐，其他元素与后一个元素对齐
center	元素向每行中点排列。每行第一个元素到行首的距离与每行最后一个元素到行尾的距离相同
space-between	在每行上均匀分布弹性元素。相邻元素的间距相同。每行第一个元素与行首对齐，每行最后一个元素与行尾对齐
space-around	在每行上均匀分布弹性元素。相邻元素的间距相同。每行第一个元素到行首的距离和每行最后一个元素到行尾的距离是相邻元素间距的一半
space-evenly	flex 项目都沿着主轴均匀分布在指定的对齐容器中。相邻 flex 项目的间距，主轴起始位置到第一个 flex 项目的间距，主轴结束位置到最后一个 flex 项目的间距都完全相等

justify-content 属性效果如图 10-13 所示。

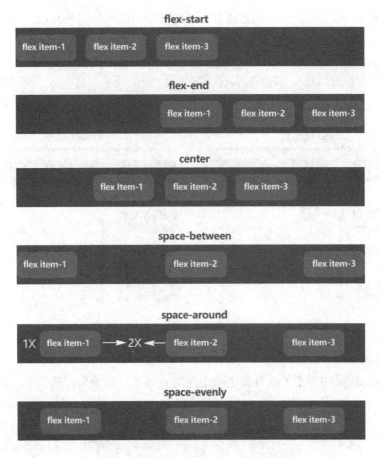

图 10-13　justify-content 属性效果

（3）align-items 属性。

align-items 属性定义了项目在交叉轴上的对齐方式。其使用方法如下，取值如表 10-4
所示。

```
align-items: flex-start | flex-end | center | baseline | stretch;
```

表 10-4　align-items 属性的取值

值	描述
flex-start	元素向交叉轴起点对齐
flex-end	元素向交叉轴终点对齐
center	元素在交叉轴居中对齐。如果元素在交叉轴上的高度大于其容器高度，则在两个方向上溢出距离相同
baseline	所有元素向基线对齐
stretch	如果元素未设置高度或宽度，则会在交叉轴方向被拉伸到与 flex 容器相同的高度或宽度（默认值）

align-items 属性效果如图 10-14 所示。

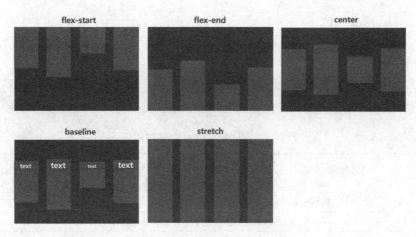

图 10-14　align-items 属性效果

（4）flex-wrap 属性。

flex-wrap 属性用于指定 flex 项目采用单行显示还是多行显示，其使用方法如下，取值如表 10-5 所示。

```
flex-wrap: nowrap | wrap | wrap-reverse;
```

表 10-5　flex-wrap 属性的取值

值	描述
nowrap	flex 项目被摆放到一行中，当 flex 容器宽度不足时，将压缩 flex 项目的宽度
wrap	flex 项目被打断到多行中
wrap-reverse	flex 项目被打断到多行中，以反方向排列

flex-wrap 属性效果如图 10-15 所示。

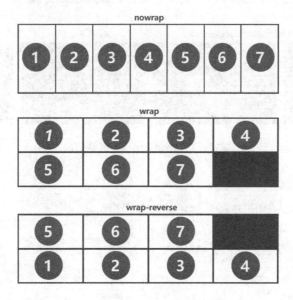

图 10-15　flex-wrap 属性效果

（5）align-content 属性。

align-content 属性定义了存在多根轴线时元素的对齐方式。如果仅存在一根轴线，则该属性不起作用。其使用方法如下，取值如表 10-6 所示。

```
align-content: flex-start | flex-end | center | space-between | space-around |
space-evenly |stretch;
```

表 10-6　align-content 属性的取值

值	描述
flex-start	所有行从交叉轴起点开始排列
flex-end	所有行从交叉轴末尾开始排列
center	所有行朝向容器的中心排列
space-between	所有行在容器中均匀分布。相邻两行的间距相等。容器的交叉轴起始线和终止线分别与第一行和最后一行的边对齐
space-around	所有行在容器中均匀分布，相邻两行的间距相等。容器的交叉轴起始线与第一行的距离，以及终止线与最后一行的距离是相邻两行间距的一半
space-evenly	所有行沿交叉轴均匀分布在对齐容器内。相邻两行的间距，起始线与第一行的距离，以及终止线与最后一行的距离都是完全相等的
stretch	拉伸所有行来填满剩余空间。将剩余空间均匀地分配给每一行

align-content 属性效果如图 10-16 所示。

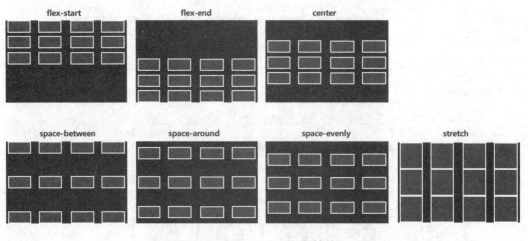

图 10-16　align-content 属性效果

（6）flex-flow 属性。

flex-flow 属性是 flex-direction 属性和 flex-wrap 属性的简写形式，默认值为 row 和 nowrap。其使用方法如下：

```
flex-flow: <flex-direction> || <flex-wrap>;
```

【任务实施】

前文说过，使用 flex 布局的元素拥有强大的空间分布和对齐能力，能够更加方便地实现页面元素的排版和布局。本任务主要完成移动端首页设计，效果如图 10-17 所示。

图 10-17 移动端首页效果

（1）在 html 文件夹中新建 index_mobile.html 文件，在 css 文件夹中新建 index_m.css 文件，用于设计移动端首页。

（2）在 index_mobile.html 文件中引入 reset.css 文件和 index_m.css 文件，并对页面视口和网页字体进行设置。

index_mobile.html 文件：

```html
<head>
    <meta charset="UTF-8">
    <meta http-equiv="X-UA-Compatible" content="IE=edge">
    <meta name="viewport" content="width=device-width, initial-scale=1.0">
    <title>巨巨网络科技有限公司</title>
    <link rel="stylesheet" href="css/reset.css">
```

```
            <link rel="stylesheet" href="css/index_m.css">
        </head>
```

index_m.css 文件：

```
body{
    font-size: calc(14*100vw/375);
}
```

（3）在 index_mobile.html 文件中通过\<header\>标签布局顶部栏，在 index_m.css 文件中使用 flex 容器属性进行样式设置。

index_mobile.html 文件：

```
<header class="header_bar"><!-- 顶部栏 -->
    <div class="logo">
        <img src="img/logo.png" alt="企业 Logo">
    </div>
    <div class="navList">
        <img src="img/list.png" alt="下拉列表">
    </div>
</header>
```

index_m.css 文件：

```
.header_bar{
    width: 100%;
    height: calc(50*100vw/375);
    padding: calc(18*100vw/375);
    background: #191d3a;
    display: flex;                        /* 使用 flex 布局 */
    justify-content: space-between;
    align-items: center;
}
.logo{
    width:calc(87*100vw/375);
    height: calc(16*100vw/375);
}
.logo>img{
    width: 100%;
}
.navList{
    width: calc(20*100vw/375);
    height: calc(17*100vw/375);
}
.navList>img{
    width: 100%;
}
```

（4）移动端广告栏的设计与 PC 端基本相同，只需将如图 10-18 所示的模块内容移除

（因为该模块内容不符合移动端用户的使用习惯），并将样式表中的单位 px 转换为 vw 即可。（移动端页面的广告图使用 3 张经过压缩的图片，即 m_banner_0.png、m_banner_1.png、m_banner_2.png，以减少移动端资源流量的消耗。）

图 10-18　移动端广告栏模块说明

index_mobile.html 文件：

```
<!-- 广告栏 -->
<div class="banner">
    <!-- input 标签列表 -->
    <input type="radio" name="banner" id="b1" checked>
    <input type="radio" name="banner" id="b2">
    <input type="radio" name="banner" id="b3">

    <!-- 广告图光线效果 -->
    <div class="light"></div>
    <!-- banner -->
    <div class="swiper_container fx">
        <ul class="swiper_wrapper">
            <li class="swiper_slide">
                <a href="#"><img class="slide_img" src="img/m_banner_0.png" ></a>
            </li>
            <li class="swiper_slide">
                <a href="#"><img class="slide_img" src="img/m_banner_1.png" ></a>
            </li>
            <li class="swiper_slide">
                <a href="#"><img class="slide_img" src="img/m_banner_2.png" ></a>
            </li>
        </ul>
    </div>
    <!-- 焦点 -->
    <div class="swiper_pagination">
        <label for="b1"></label>
        <label for="b2"></label>
```

```
            <label for="b3"></label>
        </div>
    </div>
```

（5）导航栏的图标可以通过阿里巴巴矢量图标库进行选择和下载。读者可以根据自己的审美和喜好选择相应的主题图标，并将下载的图标放置在 img 文件夹中，如图 10-19 所示。

图 10-19　下载的图标

（6）通过<nav>标签和无序列表布局导航栏的图标，并使用 flex 容器属性进行样式设置。

index_mobile.html 文件：

```
<nav>
    <ul>
        <!-- 导航列表项 -->
        <li>
            <a href="#">
                <img src="img/icon_home.svg" alt="网站首页" class="icon">
                <p>网站首页</p>
            </a>
        </li>
        ......<!-- 多复制 5 个导航列表项 -->
    <ul>
</nav>
```

index_m.css 文件：

```
nav ul{
    display: flex;
    justify-content: space-between;
    align-content: center;
    flex-wrap: wrap;
}
nav ul li{
    width: 33.33%;
    text-align: center;
    margin-top: calc(30*100vw/375);
}
nav ul li p{
```

```
    margin-top:calc(8*100vw/375);
}
```

（7）通过<main>标签布局网页主体部分，由于主体部分的结构布局和 PC 端相同，因此可以直接复用。而对于样式部分，需要将单位 px 转换为 vw 以实现响应式布局，同时去除所有 hover 伪类样式，这是因为移动端没有鼠标指针悬停的概念。

（8）通过<footer>标签布局底部栏。

index_mobile.html 文件：

```
<footer>
    <p>©2022 巨巨网络科技有限公司</p>
    <p>闽 A2-20044005 号　闽公网安备 44030702002388 号</p>
</footer>
```

index_m.css 文件：

```
footer{
    background: #191d3a;
    padding:calc(18*100vw/375) calc(8*100vw/375);
    width: 100%;
    color: #6C6E7E;
    text-align: center;
    font-size:calc(12*100vw/375);
    line-height: 2;
}
```

在浏览器调试窗口中选择响应式尺寸，改变视口的大小，即可观察到整个页面的响应式效果变化情况。

【任务拓展】

使用移动端响应式布局相关知识，完成移动端顶部栏设计，效果如图 10-20 所示。

图 10-20　移动端顶部栏效果

【练习与思考】

1. 单选题

（1）以下属性中决定 flex 布局主轴元素排列顺序的是（　　）。

A．justify-content　　　　　　　　B．flex-direction

C．align-items　　　　　　　　　　D．align-content

（2）用于设置 flex 布局元素可以多行排列的是（　　）。

A．flex-wrap: nowrap　　　　　　　B．flex-wrap: wrap

C．flex-wrap: wrap-reverse　　　　　D．flex-wrap:inline

（3）以下属性中定义项目在主轴上的对齐方式的是（　　）。

A．justify-content　　　　　　　　B．flex-direction

C．align-items　　　　　　　　　　D．align-content

2．多选题

（1）移动端浏览器中存在的 3 种视口为（　　）。

A．布局视口　　　B．视觉视口　　　C．理想视口　　　D．屏幕视口

（2）媒体查询中的媒体类型可以选择（　　）。

A．all　　　　　　B．print　　　　　C．screen　　　　D．speech

（3）响应式布局可以用到的技术有（　　）。

A．媒体查询　　　B．flex 布局　　　C．百分比布局　　　D．视口设置

3．判断题

（1）flex 布局的主轴一定是横轴。　　　　　　　　　　　　　　　（　　）

（2）flex 布局在默认情况下允许元素多行排列。　　　　　　　　　（　　）

（3）order 属性用于定义项目的排列顺序。该属性值越大，排列越靠前，默认值为 0。

（　　）

模块 11

网页交互功能设计

本模块主要介绍 JavaScript 的基础语法和 DOM 对象操作，并使用 JavaScript 实现网页轮播图的手动切换广告图和自动切换广告图功能。

 知识目标

掌握 JavaScript 的基础语法；

掌握 JavaScript 的 DOM 对象操作；

掌握 JavaScript 的函数定义和调用。

模块 11 微课

 技能目标

能够使用 JavaScript 开发网页的交互功能。

 项目背景

一个完善的网页除了具有美观的布局和动画，还需要具有与用户进行良好交互的功能。本模块通过对 JavaScript 的基础语法、DOM 对象操作、函数定义和调用知识的讲解，帮助读者学习使用 JavaScript 开发网页的交互功能。

 任务规划

本模块将完成企业网页中轮播图的设计。

任务 1　JavaScript 入门

【任务概述】

水仙花数是指一个三位数，它的每个数位上的数字的 3 次幂之和等于它本身（例如：$1^3 + 5^3 + 3^3 = 153$）。本任务要求在控制台中输出 100～999 范围内的水仙花数，并通过该任务的实施熟悉并掌握 JavaScript 基础语法。

【知识准备】

JavaScript 是一种具有函数优先的轻量级，解释型、即时编译型的编程语言，它作为开发 Web 页面的脚本语言而闻名。JavaScript 在 1995 年由 Netscape 公司的 Brendan Eich 在网景导航者浏览器上首次设计实现而成。因为 Netscape 公司与 Sun 公司合作，Netscape 公司管理层希望其外观看起来像 Java，所以将其取名为 JavaScript。JavaScript 的标准是 ECMAScript。2015 年 6 月 17 日，ECMA 国际组织发布了 ECMAScript 的第六版，该版本正式名称为 ECMAScript 2015，但通常被称为 ECMAScript 6 或 ES2015。

1.1　JavaScript 代码引入方式

在网页中引入 JavaScript 代码有 3 种常见方式，分别是外部引入、内部引入和行内引入。

1. 外部引入

外部引入指的是将 JavaScript 代码单独写为一个扩展名为 js 的文件，并在 HTML 文件的 head 部分通过一个语句引入。其中，src 属性的值是 JavaScript 文件的完整相对路径。

```
<script type="text/javascript" src="路径/文件名.js"></script>
```

2. 内部引入

内部引入指的是在 HTML 文件的 head 部分单独划分区域来书写 JavaScript 代码，且书写在<script>和</script>标签之间。

```
<script type="text/javascript">内部 JavaScript 代码</script>
```

3. 行内引入

行内引入指的是在 HTML 代码中嵌入 JavaScript 代码。同时，嵌入的代码必须以 "JavaScript:" 开头。

```
<input type="button" value="行内引入方式" onclick="JavaScript:alert('我是行内引入方式');">
```

1.2　JavaScript 的输出

JavaScript 的输出可用于页面弹窗警告、页面写入、控制台交互测试等，JavaScript 的常用输出有如下几种。

1．调用 window.alert()方法弹出警告框

调用 window 对象的 alert()方法，可以弹出警告框。例如，书写代码"window.alert("请先登录后操作！")"，并运行网页，即可弹出警告框，效果如图 11-1 所示。

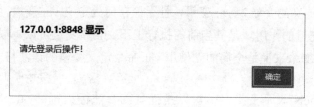

图 11-1　警告框效果

2．调用 document.write()方法将内容嵌入 HTML 文件

调用 document 对象的 write()方法，可以将内容嵌入 HTML 文件。例如，书写代码"document.write("请先注册后登录！")"，并运行网页，网页文件中就会出现"请先注册后登录！"文字内容。

3．调用 console.log()方法将内容写入浏览器的控制台

调用 console 对象的 log()方法，可以将内容写入浏览器的控制台，通常可以使用这种方法进行程序调试输出。在浏览器中使用快捷键"F12"启用调试模式，在调试窗口中选择"控制台"菜单就能看到调试输出信息。例如，书写代码"console.log("调试信息")"，并运行网页，效果如图 11-2 所示。

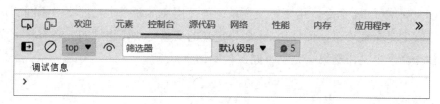

图 11-2　调试信息效果

1.3　常量和变量

1．常量

常量可以被理解为一直不变的量，如圆周率。常量在被定义并赋初始值后，在脚本的其他任何地方都不能改变。使用 const 关键字定义常量的语法格式如下：

```
const name1 = value1 [, name2 = value2 [, ... [, nameN = valueN]]];
```

其中，nameN 表示常量名称，可以是任意合法的标识符；valueN 表示常量值，可以是任意合法的表达式。使用 const 关键字定义常量"圆周率"的示例代码如下：

```
const PI = 3.14;
```

2．变量

在程序中，经常需要保存一些临时数据，并且这些数据还会随着应用场景的变化而发

生值的变化，方便后面计算使用。这些值可以发生变化的临时数据就被称为变量。在 JavaScript 中，主要有两种类型的变量：var 变量和 let 变量。

（1）var 变量。

使用 var 命令定义的变量为 var 变量，且无论在何处定义 var 变量，都会在执行任何代码之前进行。var 变量的作用域是其当前的执行上下文，该变量可以是嵌套的函数，对于定义在任何函数外的变量来说是全局的。使用 var 命令定义变量的语法格式如下：

```
var varname1 [= value1] [, varname2 [= value2] ... [, varnameN [= valueN]]];
```

其中，varnameN 表示变量名，可以是任意的合法标识符；valueN 表示变量的初始值，可以是任意合法的表达式，默认值为 undefined。使用 var 命令定义变量的示例代码如下：

```
var a = [];
for (var i = 0; i < 10; i++) {
 a[i] = function () {
   console.log(i);
 };
}
a[6]();
```

在以上代码中，变量 i 是使用 var 命令定义的，在全局范围内有效。在退出 for 循环时，变量 i 的值为 10，因此 a[6]() 的输出结果为 10。

（2）let 变量。

ES2015 新增了 let 命令，用来定义变量。与使用 var 命令定义的变量不同的是，使用 var 命令定义的是全局变量，而使用 let 命令定义的变量是块作用域的变量。将上面的示例改为使用 let 命令定义，结果会完全不同，代码如下：

```
var a = [];
for (let i = 0; i < 10; i++) {
 a[i] = function () {
   console.log(i);
 };
}
a[6]();
```

在以上代码中，变量 i 使用 let 命令定义，只在 for 循环内部是有效的，因此 a[6]() 的输出结果为 6。

1.4 数据类型

数据类型分为基本数据类型和引用数据类型。基本数据类型包括数值型、字符串型、布尔型、null 类型和 undefined 类型。

1.　数值型

数值型可分为整型和浮点型。整型可以使用十进制、八进制和十六进制，例如：

```
let age=18;//十进制
let age=018;//八进制
Let age=0x15;//十六进制
```

浮点型可以带小数点，分为标准格式和科学记数法格式，例如：

```
let num1=18.1;//标准格式
let num2=1.5E3;//科学记数法格式
```

2.　字符串型

字符串型可以用来表示文本数据，如学生姓名、兴趣爱好等。在 JavaScript 中，需要使用单引号或双引号将字符串型数据包裹起来。例如：

```
let msg='我爱你，中国！';
let hobby="运动促进大脑发育";
let msg1="我们都有一个家，名字叫'中国'"
```

在一般情况下，单引号和双引号都可以用来包裹字符串，这里需要注意的是，如果字符串中包含单引号，则这时只能使用双引号作为字符串界定符，反之亦然。

3.　布尔型

布尔型只有两个值，分别为 true 和 false。布尔型变量通常用于判断语句，作为判断条件来决定程序的执行流程。

4.　null 类型

null 类型是一个特殊类型，表示变量不指向任何对象。需要注意的是，JavaScript 的空类型只能使用全小写形式的 null。

5.　undefined 类型

undefined 类型的变量表示这个变量已经被定义但是还没有被赋值。因为 JavaScript 在定义变量时并没有要求指定变量类型，只有在为变量赋值时才能确定变量类型，所以没有被赋值的变量是无法判断数据类型的。例如，下面代码定义的变量 msg 并没有被赋值，如果要输出该变量的数据类型，将输出 undefined 类型。

```
let msg
console.log(typeof(msg))
```

1.5　运算符

运算符是指能完成一系列计算操作的符号。运算符可分为算术运算符、比较运算符、赋值运算符和逻辑运算符。

1.　算术运算符

算术运算符用于加减乘除等算术运算。常见的算术运算符如表 11-1 所示。

表 11-1 常见的算术运算符

运算符	描述	示例
+	如果两个操作数是数字，就将两个数字相加；如果操作数中有一个是字符串，就对两个操作数执行拼接操作	3+5 //8 "result="+5 //result=5
-	相减操作	8-2 //6
*	乘法操作	3*5 //15
/	除法操作	8/2 //4
%	取模运算	9%2 //1

++	放在操作数之后，先引用后自增
	放在操作数之前，先自增后引用
		x=1;y=x++ //y=1 x=2
		x=1;y=++x //y=2 x=2

--	放在操作数之后，先引用后自减
	放在操作数之前，先自减后引用
		x=2;y=x-- //y=2 x=1
		X=2;y=--x //y=1 x=1

2. 比较运算符

比较运算符可以对两个操作数进行比较，比较的结果为布尔型值。常见的比较运算符如表 11-2 所示。

表 11-2 常见的比较运算符

运算符	描述	示例
<	小于	3<5 //true
<=	小于或等于	3<=8 //true
>	大于	5>2 //true
>=	大于或等于	5>=3 //true
==	若值相等，则返回 true，否则返回 false	"3"==3 //true
!=	若值不相等，则返回 true，否则返回 false	"3"!=3 //false
===	若值和数据类型同时相等，则返回 true，否则返回 false	"3"===3 //false
!==	若值和数据类型中有一个不相等，则返回 true，否则返回 false	"3"!==3 //true

3. 赋值运算符

赋值运算符用于为变量和常量赋值。常见的赋值运算符如表 11-3 所示。

表 11-3 常见的赋值运算符

运算符	描述	示例
=	将右边表达式的值赋给左边的变量	a=3
+=	将左边变量加上右边表达式的值赋给左边的变量	a+=3 //a=a+3
-=	将左边变量减去右边表达式的值赋给左边的变量	a-=b //a=a-b
*=	将左边变量乘以右边表达式的值赋给左边的变量	a*=2 //a=a*2
/=	将左边变量除以右边表达式的值赋给左边的变量	a/=2 //a=a/2
%=	将左边变量除以右边表达式后取余数的值赋给左边的变量	a%=2 //a=a%2

4．逻辑运算符

逻辑运算符通常用于多重判断条件的构造。常见的逻辑运算符如表 11-4 所示。

表 11-4　常见的逻辑运算符

运算符	描述	示例
&&	逻辑与。当两个操作数均为 true 时，结果为 true，否则为 false	3===3 && 5==5 //true
||	逻辑或。当有一个操作数为 true 时，结果为 true，否则为 false	3==3 || 3==5 //true
!	逻辑非。将操作数的值取反	!3===5 //true

1.6　流程控制语句

在没有书写流程控制语句的情况下，程序代码是按照从上到下的顺序执行的。但是在现实生活中，人们在做一件事情时，通常会有很多先决条件。例如，在过马路时，需要耐心等待绿灯亮起。在很多情况下，人们要达到既定的目标，需要多次实施任务，不断完善，精益求精，这时通常不能使用简单的顺序结构。下面主要介绍条件分支结构、循环结构。

1．条件分支结构

条件分支结构可以根据不同的条件，选择执行不同的代码块。常见的条件分支结构主要有单分支结构、双分支结构和多分支结构。

（1）单分支结构。

单分支结构是指如果满足某种条件，则执行语句块，否则跳过语句块继续往下执行。其语法格式如下：

```
if (条件)
    语句块;
```

单分支结构的程序流程如图 11-3 所示。

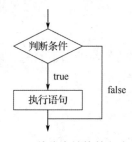

图 11-3　单分支结构的程序流程

示例代码如下：

```
let a,abs;
 if (a>=0)
    abs=a;
```

（2）双分支结构。

双分支结构是指如果满足某种条件，则进行某种处理，否则进行另一种处理。其语法格式如下：

```
if (判断条件){
        执行语句 1
        ...
}else{
        执行语句 2
        ...
}
```

双分支结构的程序流程如图 11-4 所示。

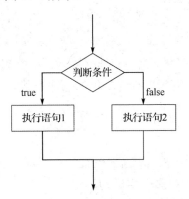

图 11-4　双分支结构的程序流程

示例代码如下：

```
let a,abs;
if (a>=0)
   abs=a;
else
   abs=-a;
```

（3）多分支结构。

多分支结构可以根据多个不同的条件进行不同的处理。其语法格式如下：

```
if (判断条件 1) {
        执行语句 1
   } else if (判断条件 2) {
        执行语句 2
   }
   ...
   else if (判断条件 n) {
        执行语句 n
   } else {
        执行语句 n+1
   }
```

多分支结构的程序流程如图 11-5 所示。

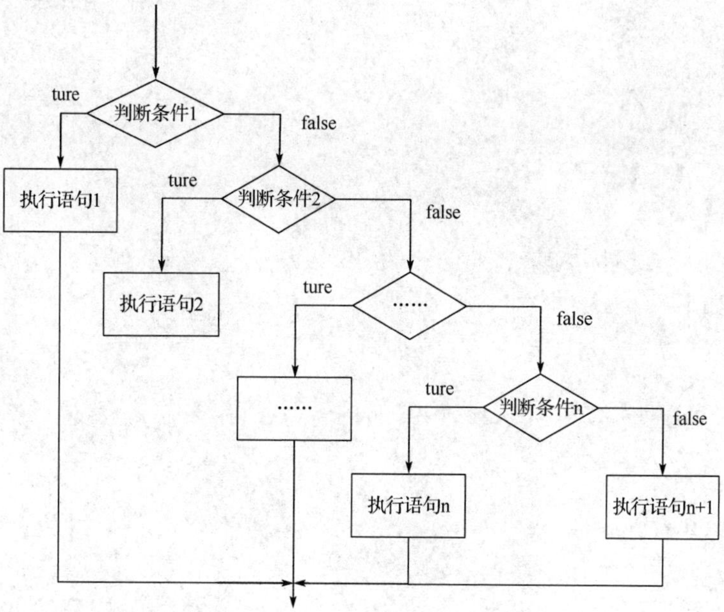

图 11-5　多分支结构的程序流程

例如，对一个学生的考试成绩进行等级划分，如果其分数大于或等于 80 分，则其等级为优；否则，如果其分数大于或等于 70 分，则其等级为良；否则，如果其分数大于或等于 60 分，则其等级为中；否则，等级为差，此时可以使用 if…else 语句。示例代码如下：

```
let score,grade;
if (score>=80)
    grade="优";
else (score>=70)
    grade="良";
else (score>=60)
    grade="中";
else
    grade="差";
```

（4）switch 多分支结构。

switch 多分支结构由一个 switch 控制表达式和多个 case 分支语句组成。与 if 条件语句不同的是，switch 多分支结构的控制表达式的结果类型只能是 byte、short、char、int、String 等类型，而不能是 boolean 类型。其语法格式如下：

```
switch (控制表达式){
    case 目标值1:
            执行语句 1
            break;
    case 目标值2:
执行语句 2
```

```
break;
        ...
        case 目标值 n:
执行语句 n
break;
        default:
执行语句 n+1
break;
}
```

示例代码如下：

```
switch (expr) {
  case 'Oranges':
    console.log('Oranges are $0.59 a pound.');
    break;
  case 'Apples':
    console.log('Apples are $0.32 a pound.');
    break;
  case 'Bananas':
    console.log('Bananas are $0.48 a pound.');
    break;
  case 'Cherries':
    console.log('Cherries are $3.00 a pound.');
    break;
  case 'Mangoes':
  case 'Papayas':
    console.log('Mangoes and papayas are $2.79 a pound.');
    break;
  default:
    console.log('Sorry, we are out of ' + expr + '.');
}
```

2. 循环结构

循环结构可以根据条件重复执行代码块。常用的循环结构有 while 循环、do…while 循环和 for 循环。

（1）while 循环。

while 循环首先判断循环条件，如果为真，则执行循环体，否则退出循环体。其语法格式如下：

```
while(循环条件){
        执行语句
        ...
}
```

while 循环的程序流程如图 11-6 所示。

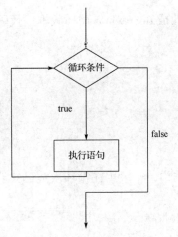

图 11-6　while 循环（模糊）的程序流程

示例代码如下：

```
let n = 0;
let sum = 0;
while (n < 3) {
        n++;
        sum+= n;
}
```

（2）do…while 循环。

do…while 循环语句也被称为后测试循环语句，它和 while 循环语句的功能类似。while 循环会先判断条件再执行循环体，而 do…while 循环会无条件地先执行一次循环体再判断条件。其语法格式如下：

```
do {
        执行语句
        ...
} while(循环条件);
```

do…while 循环的程序流程如图 11-7 所示。

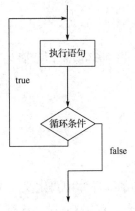

图 11-7　do…while 循环的程序流程

将前面的 while 循环示例改成 do···while 循环版本，代码如下：

```
let n = 0;
let sum = 0;
do{
    n++;
    sum += n;
}while(n<3)
```

（3）for 循环。

for 循环是最常用的循环结构，一般用在循环次数已知的情况下，通常可以代替 while 循环。其语法格式如下：

```
for（初始化表达式；循环条件；操作表达式）{
        执行语句块
}
```

for 循环的程序流程如图 11-8 所示。

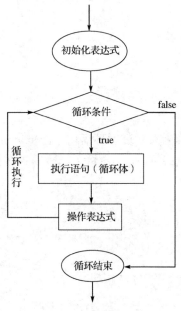

图 11-8　for 循环的程序流程

将前面的 while 循环示例改成 for 循环版本，代码如下：

```
let sum=0;
for（let n=0; n<3; n++){
    sum+=n;
}
```

3．循环嵌套

循环嵌套是指在一个循环语句的循环体中再定义一个循环语句的语法结构。在实际项目开发中，最常用的是 for 循环嵌套。双层 for 循环嵌套的语法格式如下：

```
for(初始化表达式；循环条件；操作表达式)  {
    ...
    for(初始化表达式；循环条件；操作表达式)  {
        执行语句
        ...
    }
    ...
}
```

在双层 for 循环嵌套中，外层循环每执行一轮，都要执行内层循环中的整个 for 循环，之后执行外层循环的第二轮，再执行内层循环中的整个 for 循环，以此类推，直至外层循环的循环条件不成立，才会跳出整个双层 for 循环嵌套。

4. 跳转语句

跳转语句用于实现循环语句执行过程中程序流程的跳转。跳转语句有 break 语句和 continue 语句。

（1）break 语句。

在 switch 多分支结构语句和循环结构语句中都可以使用 break 语句。当它出现在 switch 多分支结构语句中时，其作用是终止某个 case 分支并跳出 switch 多分支结构；当它出现在循环结构语句中时，其作用是跳出当前循环结构语句，执行后面的代码。

（2）continue 语句。

continue 语句用于循环结构语句，作用是终止本次循环，执行下一次循环。

【任务实施】

本任务应用条件分支结构语句和循环结构语句在控制台中输出 100～999 范围内的水仙花数，输出结果如图 11-9 所示。

图 11-9　水仙花数的输出结果

（1）在 C:/JavaScript/01/demo2/html 文件夹中新建 index.html 文件，输入"html:5"，完成 HTML5 模板建设，在<body>标签中新建<script></script>标签，并将以下步骤中的代码放置在该标签中。

（2）通过循环语句获取 100～999 的每个数。

```
for (let i = 100; i < 1000; i++) {}//i 表示 100～999 的每个数
```

（3）获取每个数的百位、十位、个位上的数值。

```javascript
for (let i = 100; i < 1000; i++) {
  let num1 = parseInt(i / 100);//百位数值
  let num2 = parseInt(i % 100 / 10);//十位数值
  let num3 = parseInt(i % 100 % 10);//个位数值
}
```

（4）将每个数的百位数值、十位数值、个位数值的三次幂相加。

```javascript
for (let i = 100; i < 1000; i++) {
  let num1 = parseInt(i / 100);//百位数值
  let num2 = parseInt(i % 100 / 10);//十位数值
  let num3 = parseInt(i % 100 % 10);//个位数值
  let sum = Math.pow(num1, 3) + Math.pow(num2, 3) + Math.pow(num3, 3)//立方之和
}
```

（5）根据规则判断获取的每个数是否是水仙花数，如果是，则在控制台输出该数；如果不是，则进行下一个数的获取及判断。

```javascript
for (let i = 100; i < 1000; i++) {
  let num1 = parseInt(i / 100);//百位数值
  let num2 = parseInt(i % 100 / 10);//十位数值
  let num3 = parseInt(i % 100 % 10);//个位数值
  let sum = Math.pow(num1, 3) + Math.pow(num2, 3) + Math.pow(num3, 3)//立方之和
  if (sum == i) {
    console.log(i)
  }
}
```

（6）在控制台观察输出结果（见图 11-9）。

【任务拓展】

斐波那契数列指的是这样一个数列：1, 1, 2, 3, 5, 8, 13, 21, 34, 55, 89, 144, 233,377……该数列从第 3 项开始，每一项都等于前两项之和。请使用 JavaScript 编写程序，在控制台输出斐波那契数列中的第 37 个数。

任务 2 　轮播图设计

【任务概述】

模块 7 中已经实现了企业官网首页广告栏的设计。在实际项目开发中，广告图通常不止 1 张，开发者需要将多张广告图轮换显示，这就是所谓的"轮播图"。本任务要求实现手动切换广告图和自动切换广告图功能。

【知识准备】

2.1　函数

函数是指能实现特定功能的语句块。使用函数能增加代码的重用性。JavaScript 中的函数分为内置函数和自定义函数两大类。

1．内置函数

内置函数是系统已经定义好，可以被直接使用的函数。在 JavaScript 中，内置函数主要有警告对话框函数、确认对话框函数、提示对话框函数、周期执行函数和定时器函数等。

（1）警告对话框函数。

使用 alert()函数可以弹出警告对话框。警告对话框中只有"确认"按钮。alert()函数的语法格式如下：

```
alert("警告信息")
```

（2）确认对话框函数。

使用 confirm()函数可以弹出确认对话框。确认对话框中有"确认"和"取消"两个按钮。单击"确认"按钮返回 true，单击"取消"按钮返回 false。

（3）提示对话框函数。

使用 prompt()函数可以弹出提示对话框。提示对话框可以接收用户通过键盘输入的数据。需要注意的是，这里接收的输入数据是字符串型的，如果要进行算术运算，则需要先进行类型转换。

（4）周期执行函数。

使用 setInterval()函数可以实现每隔一段时间就重复执行一段代码的功能。例如，街上的霓虹灯就是每隔一段时间轮换点亮一盏。setInterval()函数的语法格式如下：

```
setInterval(func, interval);
```

其中，func 表示要重复调用的函数，interval 表示每次调用间隔的毫秒数。

（5）定时器函数。

使用 setTimeout()函数可以设置一个定时器，该定时器在指定时间到期后执行一个函数或指定的一段代码。setTimeout()函数的语法格式如下：

```
setTimeout(fun[, delay]);
```

其中，func 表示要执行的函数，delay 表示延迟的毫秒数，默认为 0。

2．自定义函数

自定义函数是根据业务需求定义的代码块，分为匿名函数和具名函数。

（1）匿名函数。

匿名函数就是没有名称的函数，语法格式如下：

```
function(){
  alert("加油，中国！")
```

```
};
```

在 ES2015 中，可以将其简写为：

```
() => {};
```

（2）具名函数。

具名函数就是有名称的函数，可以使用函数名进行多次调用。其语法格式如下：

```
function 函数名([参数1],[参数2]...){
  函数体;
}
```

2.2　DOM 对象操作

DOM 全称为 Document Object Model，即文档对象模型。一个 HTML 页面可以被还原成一棵 DOM 树。DOM 树上的每个节点都可以被称为 DOM 对象。下面介绍 DOM 对象的查找、增加、修改和删除操作。

1．DOM 对象的查找

可以通过 DOM 对象的 id 属性值、name 属性值、标签名、类名来查找 DOM 对象，具体方法如表 11-5 所示。

表 11-5　查找 DOM 对象的具体方法

方法名	描述
document.getElementById()	根据元素的 id 属性值查找元素，因为 id 属性值唯一，因此查找出来的也是唯一的一个节点
document.getElementsByName()	根据给定的 name 属性值返回一个节点集合
document.getElementsByTagName()	根据标签名返回一个节点集合
getElementsByClassName()	根据类名返回一个节点集合
document.querySelector()	根据选择器返回第一个符合条件的节点
document.querySelectorAll()	根据选择器返回所有符合条件的节点集合

2．DOM 对象的增加

document.createElement()方法用于创建一个由标签名指定的 HTML 元素（节点）。创建节点后，就需要把节点挂到 DOM 树上。例如，创建一个 span 节点，并将它插入到另一个 id 属性值为 childElement 的节点之前，代码如下：

```
//创建一个新的、普通的 span 元素
var sp1 = document.createElement("span");
//插入节点之前，要获得节点的引用
var sp2 = document.getElementById("childElement");
//获得父节点的引用
var parentDiv = sp2.parentNode;
//在 sp2 之前插入一个新元素
parentDiv.insertBefore(sp1, sp2);
```

3．DOM 对象的修改

选择 DOM 对象后，可以修改 DOM 对象的内容、样式等。可以通过 style 属性访问 DOM 对象的所有 CSS 属性，并修改属性值。例如，对 id 属性值为 div1 的盒子修改字体颜色为红色，代码如下：

```
document.querySelector("#div1").style.color="red"
```

可以通过节点的 innerHTML 和 innerText 修改节点的内容。其中，innerHTML 会解析右侧字符串中的 HTML 标签，而 innerText 只会把右侧字符串解析为普通的字符串。例如，修改 id 属性值为 test 的 p 节点的内容，使用 innerHTML 和 innerText 得到的输出结果并不相同，代码如下：

```
let str="<font color='red'>hello</font>";
document.getElementById("test").innerHTML=str;
//解析 str 中的 HTML 标签，显示红色的 hello
document.getElementById("test").innerText=str;
//显示<font color='red'>hello</font>
```

4．DOM 对象的删除

node.removeChild()方法用于从 DOM 树中删除一个子节点并返回删除的节点，语法格式如下：

```
let oldChild = node.removeChild(child);
```

其中，child 是要移除的子节点，node 是 child 的父节点。

2.3　DOM 事件

1．事件

用户可以使用 JavaScript 创建动态页面。事件是可以被 JavaScript 侦测到的行为。网页中的每个元素都可以产生某些可以触发 JavaScript 函数的事件。比如，用户在单击某按钮时可以产生一个 onClick 事件来触发某个函数。表 11-6 列出了 JavaScript 中常见的 DOM 事件。

表 11-6　JavaScript 中常见的 DOM 事件

事件名	描述
onchange	HTML 元素发生改变
onclick	用户单击 HTML 元素
onmouseover	鼠标指针移动到指定的元素上
onmouseout	用户从一个 HTML 元素上移开鼠标指针
onkeydown	用户按下键盘按键
onload	浏览器已完成页面的加载

2．事件处理程序

当监听器监听到事件发生时，通常需要对事件进行处理，这时就需要委托一个匿名函

数对事件进行处理，这个匿名函数称为事件处理程序。例如，当用户单击一个按钮时，需
要更改这个按钮的背景色，代码如下：

```
let btn=document.getElementById("btn")
btn.onclick=function(){
   this.style.backgroundColor="pink"
}
```

【任务实施】

本任务要求将多张广告图轮换显示，即实现"轮播图"。

用户可以通过单击图片下方的 3 个圆形按钮，手动切换要显示的广告图。同时，如果
用户没有单击圆形按钮，则 3 张广告图也可以根据固定的时间间隔轮换显示，效果如图 11-10
所示。

图 11-10　轮播图效果

（1）在 html 文件夹的 index_mobile.html 文件中增加<script>标签，用来嵌入 JavaScript
代码。

（2）在 index_mobile.html 文件中增加一个 swiper_pagination 容器，放置 3 个圆形按钮，
并添加 id 属性。在 index_m.css 文件中为按钮设置样式，使其成为圆形按钮，通过浮动调
整按钮的定位方式。

index_mobile.html 文件：

```
<div class="swiper_pagination">
        <label></label>
        <label></label>
        <label></label>
</div>
```

index_m.css 文件：

```
.swiper {
        width: 100%;
        height: calc(164*100vw/375);
        overflow: hidden;
```

```
        position: relative;
}
.banner {
        width: 300%;
}
.banner>img {
        width: 33.333%;
        float: left;
}
.swiper_pagination{
    position: absolute;
    bottom: calc(10*100vw/375);
    left: 50%;
    transform: translateX(-50%);
}
.swiper_pagination label{
    cursor: pointer;
    display: block;
    width: calc(12*100vw/375);
    height: calc(12*100vw/375);
    float: left;
    background-color: #fff ;
    border-radius: 50%;
    opacity: 0.5;
    margin-right: calc(15*100vw/375);
}
.swiper_pagination label:last-child{
    margin-right: 0;
}
```

（3）在 index_m.css 文件中设置被激活的按钮样式 active，并设置第一个按钮默认是
active 状态的。

index_mobile.html 文件：

```
<div class="swiper_pagination">
    <label class="active"></label>
      <label></label>
      <label></label>
</div>
```

index_m.css 文件：

```
.swiper_pagination .active{
        opacity: 1;
}
```

（4）选取广告图盒子和切换按钮盒子。

```
let btns = document.querySelectorAll("label");
let banner = document.querySelector(".banner");
```

（5）创建一个函数，实现手动切换广告图功能。

```
// 手动切换广告图
function changeImg(imgId) {
  btns.forEach((btn) => {
    btn.classList.remove("active");
  });
  banner.style.marginLeft = parseInt(-imgId) * 100 + "%";
  btns[imgId].classList.add("active");
}
```

（6）利用事件委托机制，设置当用户单击圆形按钮时切换广告图。

```
btns.forEach((btn, index) => {
    btn.onclick = function () {
      changeImg(index);
    };
});
```

（7）设计一个定时器，每隔1秒自动切换广告图。

```
// 自动切换广告图
  let n = 0;
  let timer = setInterval(function () {
    if (n == 2) {
     n = -1;
    }
    n++;
    changeImg(n);
  }, 1000);
```

（8）当鼠标指针移入广告图时，需要停止定时器的自动切换广告图功能，启用手动切换广告图功能。

```
let swiper = document.querySelector(".swiper");
    swiper.onmouseenter = function () {
    clearTimeout(timer);
    };
```

（9）当鼠标指针移出广告图时，需要重启定时器的自动切换广告图功能。

```
swiper.onmouseleave = function () {
    timer=setInterval(function () {
      if (n == 2) {
       n = -1;
      }
      n++;
      changeImg(n);
```

```
        }, 1000);
    };
```

【任务拓展】

　　使用 JavaScript 插件能够实现更加丰富的轮播图效果。读者可以在课后自学一些常用的轮播图插件（如 Swiper）的使用方法，实现如图 11-11 所示的三维轮播图效果。

图 11-11　三维轮播图效果

【练习与思考】

1. 单选题

（1）函数需要返回一个值，必须使用关键字（　　　）。

A．continue

B．return

C．break

D．back

（2）在 HTML 中，可以引入 JavaScript 文件的是（　　　）。

A．\<style src="index.js"\>

B．\<link rel="stylesheet" type="text/css" href="index.js"\>

C．\<stylesheet\>index.js\</stylesheet\>

D．\<scirpt src="index.js"\>\</script\>

（3）以下 JavaScript 语句

```
let a1=10;let a2=20;
alert("a1+a2=" + a1+a2)
```

将会显示的结果是（　　　）。

A．a1 + a2 = 1020

B．a1 + a2 = 30

C．a1 + a2 = a1 + a2

D．a1 + a2 = 10 + 20

2．多选题

（1）以下变量中非法的是（　　　）。

A．2name　　　　　B．_name　　　　　C．-Name　　　　D．$name_1

（2）在 JavaScript 中，可以用于打印或弹出信息的命令是（　　　）。

A．alert()　　　　　B．console.log()　　　C．show()　　　　　D．test()

（3）编写 JavaScript 函数，用于实现网页背景色选择器，下列选项中不正确的是（　　　）。

A．function change(color){ window.background=color; }

B．function change(color){ document.body.background=color; }

C．function change(color){ document.body.style.background = color }

D．function change(color){ form.background=color; }

3．判断题

（1）使用<script src="a.js">alert("弹出信息")</script> 命令，可以在网页中弹出提示对话框。　　　　　　　　　　　　　　　　　　　　　　　　　　（　　　）

（2）setTimeout()函数的作用是每隔一段时间就重复执行一段代码。　　（　　　）

（3）document.querySelector("label")方法用于查询并返回页面中第一个类名为"label"的标签。　　　　　　　　　　　　　　　　　　　　　　　　　　　（　　　）